Bernd Heißing / Hans Jürgen Brandl
Subjektive Beurteilung des Fahrverhaltens

Professor Dr.-Ing. Bernd Heißing/Dipl.-Ing. (FH) Hans Jürgen Brandl

Subjektive Beurteilung des Fahrverhaltens

Vogel Buchverlag

Univ.Prof. Dr.-Ing. BERND HEISSING
Jahrgang 1945, studierte an der RWTH Aachen Maschinenbau/Kraftfahrwesen.
Ab 1971 bei der Porsche AG, Weissach, tätig in der Prüffeldautomatisierung, ab 1973 an der RWTH Aachen, Institut für Kraftfahrwesen, als wissenschaftlicher Assistent im Bereich Fahrdynamik.
1979 Promotion zur Simulation der Fahrdynamik, ab 1980 Leiter Sicherheitsforschung im Straßenverkehr beim TÜV Rheinland.
Ab 1986 bei der Audi AG als Leiter der Fahrdynamiksimulation und ab 1995 Leiter der Entwicklung Fahrwerk; während dieser Zeit Modernisierung und Überarbeitung der Fahrwerke der gesamten Modellreihe.
Seit 2001 Lehrstuhl Fahrzeugtechnik an der Technischen Universität München.
Außerdem seit 1974 Mitarbeit im Fachnormenausschuss «Fahrdynamik» des FAKRA.
1981 bis 1982 Lehrauftrag «Fahrwerkstechnik» an der Fachhochschule Köln und von 1988 bis 2000 Lehrauftrag «Fahrverhalten und Fahrwerke» an der TU München.
Seit 1977 ca. 50 Veröffentlichungen zu Themen der Kraftfahrzeugtechnik, Fahrsicherheit und Produktentwicklung.

Dipl.-Ing. (FH) HANS JÜRGEN BRANDL
Jahrgang 1947, studierte Maschinenbau am Oskar-von-Miller-Polytechnikum München 1969–1971 Versuchsingenieur in der Fahrwerksentwicklung (Serienweiterentwicklung) bei der BMW AG in München und der Porsche AG Zuffenhausen.
Seit 1972 bei der Audi AG in Ingolstadt, zunächst als Versuchsingenieur für Fahrwerksabstimmung/Federung/Dämpfung.
1986 Abteilungsreferent für Fahrwerksabstimmung/Fahrdynamik (Vertikal- und Horizontaldynamik) für Serienneu- und -Weiterentwicklungen.
1992–1994 sporadische Mitarbeit bei der Fahrwerksabstimmung der Quattro-Einsatzfahrzeuge bei der Rallye-WM.
Seit 2000 Fachreferent Fahrwerksabstimmung/Fahrdynamik in der Fahrwerk-Vorentwicklung.

1. Auflage. 2002
Alle Rechte, auch der Übersetzung, vorbehalten. Kein Teil des Werkes darf in irgendeiner Form (Druck, Fotokopie, Mikrofilm oder einem anderen Verfahren) ohne schriftliche Genehmigung des Verlages reproduziert oder unter Verwendung elektronischer Systeme verarbeitet, vervielfältigt oder verbreitet werden. Hiervon sind die in §§ 53, 54 UrhG ausdrücklich genannten Ausnahmefälle nicht berührt.
Printed in Germany
Copyright 2002 by Vogel Industrie Medien GmbH & Co. KG, Würzburg
Umschlaggrafik: Michael M. Kappenstein, Frankfurt/Main
Herstellung: dtp-project Peter Pfister, 97222 Rimpar-Maidbronn

Vorwort

Die Abstimmung der fahrdynamischen Eigenschaften eines Automobils ist ein ähnlich kreativer Prozess wie der Entwurf eines neuen Fahrzeugdesigns und basiert auch heute noch vorwiegend auf dem subjektiven Empfinden während des Fahrvorgangs.

Das meist unbewusste Registrieren einer Flut von Informationen aus gesehenen und empfundenen Eindrücken führt zu einem Urteil über ein Fahrzeug, in dessen Aussagen häufig Begriffe verwendet werden wie etwa sympathisch, komfortabel, sportlich, hart, ruppig, kernig, geschmeidig usw. Eine für die Fahrzeugentwicklung verwendbare Beschreibung der Fahreigenschaften erfordert allerdings eine wesentlich genauere und detailliertere Aufschlüsselung der subjektiv empfundenen Eindrücke.

Mit dem vorliegenden Buch wird ein Versuch unternommen, oft verwendete Begriffe in der subjektiven Fahrwerksbeurteilung zu strukturieren, detailliert zu beschreiben und auf bestimmende Einflussfaktoren hinzuweisen. Auch werden Bedingungen zum «Erfahren» bestimmter Eigenschaften aufgezeigt.

Von mathematisch-wissenschaftlichen Ausführungen und deren Beziehungen zu den Fahrzeugeigenschaften wurde bewusst Abstand genommen. Ebenso wird weitgehend auf die Beschreibung von Messverfahren und Messgrößen zur objektiven Erfassung von fahrdynamischen oder komfortrelevanten Kenngrößen verzichtet. Über diese Themen existiert bereits eine größere Anzahl guter und fundierter Veröffentlichungen.

Dieses Buch ist gedacht als «roter Faden» für Einsteiger in die Fahrwerksbeurteilung, für praktizierende Beurteiler in Testabteilungen von Fachzeitschriften sowie in der Auto- und Zulieferindustrie, die fachliche Urteile im Rahmen von Vorstell- und Vergleichsfahrten abzugeben haben. Nicht zuletzt sind technisch Interessierte angesprochen, die Detailwissen und spezielle Zusammenhänge der subjektiven Fahrzeugbeurteilung nachlesen möchten.

In den letzten Jahren fanden tiefgreifende Änderungen in den Entwicklungsabläufen durch Verbreitung und Verfeinerung von Werkzeugen in der Simulation und der messtechnischen Erfassung von Fahrzeugeigenschaften hinsichtlich Fahrdynamik und Komfort statt. Positive Auswirkungen zeigen sich bei der Entwicklung und Optimierung neuer Fahrzeuge und Konzepte sowohl im zeitlichen Ablauf als auch in der erreichbaren Güte der Fahrzeugeigenschaften.

Dennoch bleibt das menschliche Empfinden von angenehmen oder störenden Eigenschaften eines Fahrzeugs der alleinige Maßstab für den Erfolg einer Abstimmungsmaßnahme, und dieses Empfinden ist gegenwärtig nur eingeschränkt durch objektive

Kenngrößen zu quantifizieren. Um die aktuelle Beurteilungspraxis von Fahreigenschaften zu dokumentieren, werden in dem vorliegenden Fachbuch die subjektiv empfundenen Fahreindrücke so detailliert wie möglich beschrieben. Es bildet damit die Grundlage für eine Weiterentwicklung messtechnischer oder simulationstechnischer Bewertungs- und Optimierungsverfahren, um so im Methodenmix einer Fahrzeugentwicklung Optimierungsschritte schnell und gezielt vorantreiben zu können.

Wir danken der Audi AG und all den Firmen, die einer Veröffentlichung von technischen Unterlagen zugestimmt haben.

Wettstetten	Bernd Heißing
Weichering/Lichtenau	Hans Jürgen Brandl

Inhaltsverzeichnis

Vorwort		5
1	**Methoden der Fahrwerksabstimmung**	11
2	**Fahreraufgaben**	17
	2.1 Regelkreis Fahrer–Fahrzeug–Umwelt	17
	2.2 Kritische Fahrmanöver	19
	2.3 Profil des Fahrwerkingenieurs	20
3	**Bewertungskriterien**	23
4	**Bewertungssystem**	27
5	**Testfahrzeug**	29
	5.1 Vorbereitung des Fahrzeugs	29
	5.2 Beladungszustand	30
	5.3 Technische Daten	31
6	**Testablauf**	33
	6.1 Fahrbahn	36
	6.1.1 Trassierung	36
	6.1.2 Fahrbahnunebenheiten	44
	6.1.3 Fahrbahngriffigkeit	47
	6.2 Fahrzustand	48
	6.3 Umgebungs- und Bauteiltemperaturen	48
	6.4 Beurteilungsfahrten	48
7	**Fahrverhaltensbeurteilung**	49
	7.1 Anfahrverhalten	49
	7.1.1 Anfahrnicken	49
	7.1.2 Anfahrpendeln	51
	7.1.3 Anfahrschütteln	52
	7.1.4 Verlenken	53
	7.1.5 Schiefziehen unter Antriebseinfluss (Torque Steer)	54
	7.1.6 Lenkungsklemmen	54
	7.1.7 Traktion	55
	7.1.8 Regelverhalten mit automatischen Systemen zur Traktionskontrolle	56
	7.1.9 Rückwirkung im Fahrpedal bei automatischen Systemen zur Traktionskontrolle	58
	7.2 Bremsverhalten	58
	7.2.1 Bremsverzögerung	58

	7.2.2	Standfestigkeit 59
	7.2.3	Geradeauslauf 61
	7.2.4	Kurvenlauf 62
	7.2.5	Lenkbarkeit 63
	7.2.6	Gierstabilität auf Fahrbahnen mit uneinheitlicher Griffigkeit 63
	7.2.7	Bremsnicken 65
	7.2.8	Pedalkraftaufwand 65
	7.2.9	Pedalgefühl 66
	7.2.10	Pedalrückwirkung bei Bremsschlupfregelsystemen 67
	7.2.11	Pedalmoving (ABS/ESP) 67
	7.2.12	Bremsrubbeln 68
	7.2.13	Bremsgeräusche 69
	7.2.14	Bremstrampeln (Stempeln) 70
7.3	Lenkverhalten 71
	7.3.1	Anlenkverhalten 73
	7.3.2	Ansprechverhalten 74
	7.3.3	Grabeneffekt 75
	7.3.4	Mittengefühl (Center point feeling) 76
	7.3.5	Lenkkraftniveau 77
		7.3.5.1 Lenkkraftniveau in Mittellage 77
		7.3.5.2 Lenkkraftniveau im Proportionalbereich 79
		7.3.5.3 Lenkkraftniveau beim Parkieren 80
	7.3.6	Lenkungsüberholen 81
	7.3.7	Überschwingen bei Lenkungsrücklauf 81
	7.3.8	Nachschwingen nach Richtungswechseln bei Geradeausfahrt 82
	7.3.9	Nachlenken nach Kurvenfahrt 82
	7.3.10	Zielgenauigkeit 83
	7.3.11	Fahrbahnkontakt 83
	7.3.12	Handlichkeit 84
	7.3.13	Lenkungsrücklauf 85
7.4	Kurvenverhalten 85
	7.4.1	Eigenlenkverhalten 86
	7.4.2	Einlenkverhalten 90
	7.4.3	Seitenkraftaufbau 91
	7.4.4	Giergeschwindigkeitsaufbau 92
	7.4.5	Querführungsvermögen 92
	7.4.6	Wankverhalten 94
	7.4.7	Diagonales Tauchen 95
	7.4.8	Aufstützen 95
	7.4.9	Wankschrauben 96
	7.4.10	Spurwechselverhalten 96
	7.4.11	Lenk-Bremsverhalten 98
	7.4.12	Lenk-Beschleunigungsverhalten 99
	7.4.13	Lastwechselverhalten 100
	7.4.14	Fahrbahneinflüsse 102
7.5	Geradeausfahrt 103
	7.5.1	Geradeauslauf 103
	7.5.2	Federungslenken 104
	7.5.3	Wanklenken 105
	7.5.4	Lenkungspendeln 105
	7.5.5	Längsfugenempfindlichkeit 107
	7.5.6	Spurrinnenempfindlichkeit 108
	7.5.7	Lastwechselsteuern 110

		7.5.8 Seitenwindverhalten	110
		7.5.9 Windempfindlichkeit	111
		7.5.10 Pendelstabilität bei Pkw-Anhänger-Gespannen	112
	7.6	Fahrkomfort	114
		7.6.1 Federungskomfort	116
		7.6.2 Nickfederverhalten	119
		7.6.3 Wankfederverhalten	120
		7.6.4 Aufbaudämpfung	121
		7.6.5 Abrollkomfort	124
		7.6.6 Rauigkeit (Harshness)	126
		7.6.7 Abrollgeräusch	127
		7.6.8 Kantenempfindlichkeit	129
		7.6.9 Dröhnen	130
		7.6.10 Dämpferpoltern	131
		7.6.11 Prellen	131
		7.6.12 Schluckvermögen	132
		7.6.13 Aushängen	133
		7.6.14 Puffereinsatz	133
		7.6.15 Zurückwerfen	135
		7.6.16 Reiten/Freeway-Hop	136
		7.6.17 Anfedern/Kopieren	137
		7.6.18 Stuckern	137
		7.6.19 Lastwechselschlag	138
		7.6.20 Aufbauzittern	139
		7.6.21 Lenkungszittern	140
		7.6.22 Lenkungsflattern, Unwuchtempfindlichkeit	140
		7.6.23 Lenkungsstößigkeit	141
		7.6.24 Lenkungsrückschlagen (Kick-back)	142
		7.6.25 Lenkungsklappern	142
8	Grafische Darstellung der Bewertungsergebnisse		143
	8.1	Detaillierte Netzdiagramme	143
	8.2	Allgemeine Netzdiagramme	150
	8.3	Fahrdynamik-Fahrkomfort-Darstellung	152
9	Ausblick		153
Literaturverzeichnis			155
Bildquellenverzeichnis			159
Stichwortverzeichnis			161

1 Methoden der Fahrwerksabstimmung

Ziel der Fahrwerksabstimmung ist es, in einem ausgewogenen Kompromiss die fahrdynamischen Eigenschaften des Fahrzeugs im Hinblick auf das Fahrverhalten und den Fahrkomfort zu optimieren. Um dieses Ziel zu erreichen, werden meist schon in der Konzeptphase Anforderungen an die für die Fahrdynamik wichtigen Bauteile definiert, die sich nicht nur auf Fahrwerksbauteile beziehen, sondern auch den maßgeblichen Einfluss der Karosserie, der Ausstattung, der Aggregate und der Regelsysteme berücksichtigen (Bild 1.1). Im Verlauf des Abstimmungsprozesses, der sich auf alle Bauteile bezieht, werden diese Entwicklungsvorgaben verfeinert und in einem iterativen Prozess umgesetzt. Dazu stehen drei unterschiedliche Methoden zur Verfügung:

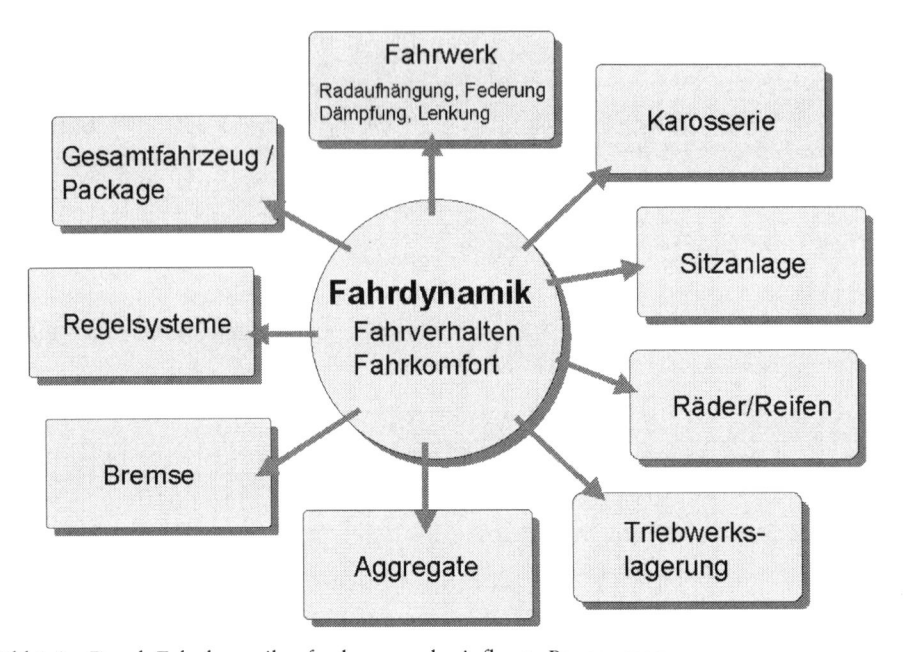

Bild 1.1   Durch Fahrdynamikanforderungen beeinflusste Baugruppen

❑ Fahrversuch mit subjektiver Beurteilung der Fahreigenschaften und des Fahrkomforts,
❑ anhand von gemessenen Kenngrößen [1 bis 7],
❑ Simulation mit Beschreibung der Fahr- und Komforteigenschaften anhand von berechneten Kenngrößen [8 bis 12].

Durch die parallele Nutzung aller drei Bewertungsverfahren wird im Lauf der Fahrwerksentwicklung das für die Serienfreigabe erforderliche Abstimmungsergebnis in einem iterativen Prozess erarbeitet (Bild 1.2). Ausgehend von der Konstruktion werden sowohl die für die Simulation erforderlichen Rechenmodelle wie auch die Versuchsträger für den Fahrversuch entwickelt. Dabei werden bei neuen Achssystemen häufig erste Grobaussagen mit Hilfe der Simulation erarbeitet, um die Konstruktion zielgerichtet zu unterstützen und die Versuchsarbeit mit einem bereits voroptimierten Konzept aufnehmen zu können. Die Bewertung der Simulationsergebnisse erfolgt anhand von objektiven Kenngrößen. Da in dieser Phase eine Validierung der Modelle nicht möglich ist, muss ein aussagesicheres Simulationsprogramm verwendet werden. Bild 1.3 zeigt die grafische Darstellung eines Vollfahrzeugmodells auf der Basis eines Mehrkörper-Simulationsprogramms.

Nach Abschluss einer Voroptimierung werden Versuchsträger oder Prototypen hergestellt, mit denen die Versuchsarbeit aufgenommen werden kann. Die Modelle für die Simulation werden u.U. verfeinert und durch den nun möglichen Vergleich mit Ver-

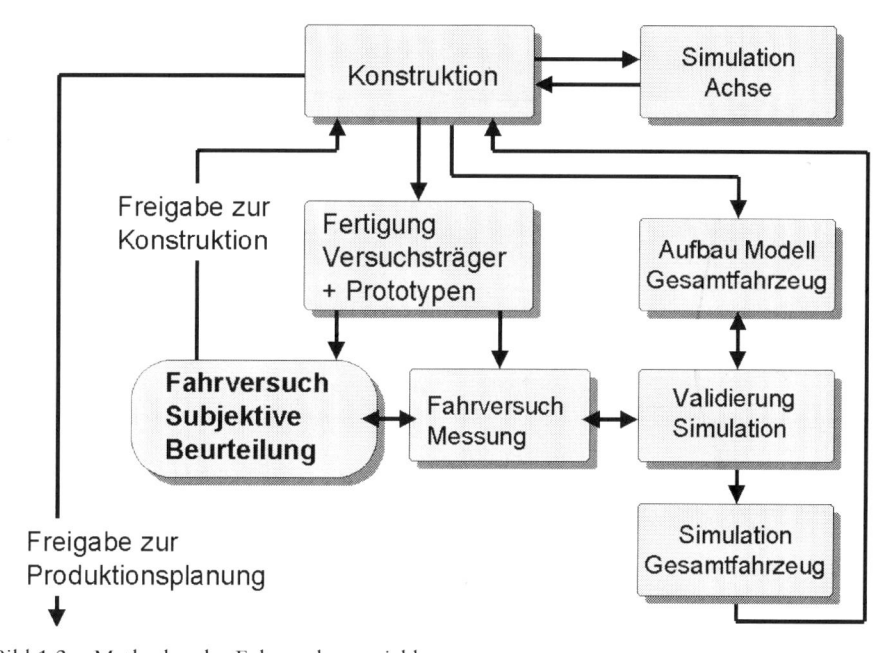

Bild 1.2 Methoden der Fahrwerksentwicklung

Bild 1.3   MKS-Computer-Simulationsmodell

suchsergebnissen abgesichert. Die Bewertung der Versuchsergebnisse kann entweder über eine subjektive Beurteilung oder anhand von gemessenen Kennwerten erfolgen.

Bei der subjektiven Beurteilung übernimmt der Fahrer zugleich die Aufgabe der Fahrzeugführung und die der Fahrzeugbeobachtung. Diese Art des Fahrversuchs ist die traditionelle Methode der Fahrwerksabstimmung. Sie ist besonders leistungsfähig, da die Beobachtung zielgerichtet mit hoher Auflösung erfolgt und die Bewertung kurzfristig ohne umfangreiche Vorbereitung durchzuführen ist. Sie ist darüber hinaus das einzige Verfahren, mit dem das komplexe Geschehen des Fahrvorgangs umfassend und verbindlich bewertet werden kann. Voraussetzung ist jedoch, dass der Testfahrer hinreichend geschult ist.

Die Methoden mittels Messung und Simulation erlauben bisher keine vergleichbar umfassende Beurteilung, bilden jedoch eine immer wichtiger werdende Ergänzung der subjektiven Beurteilung. Die Einschränkungen für die Anwendung von Messungen und Simulation ergeben sich aus der begrenzten Aussagefähigkeit der Simulation bei mittel- sowie höherfrequenten Schwingungen für Komfortbetrachtungen und den nur eingeschränkt verfügbaren Bewertungskriterien, die eine der subjektiven Beurteilung vergleichbare Aussage liefern.

Die Voraussetzung für die Nutzung von Mess- und Simulationsergebnissen sind genaue Messverfahren mit einer der subjektiven Beurteilung vergleichbaren oder besseren Auflösung, hochdetaillierte Vollfahrzeugmodelle für die Simulation und ein Set von Kenngrößen, für die eine Übereinstimmung mit der subjektiven Beurteilung nachgewiesen wurde. Derartige Kenngrößen und die zugrunde liegenden standardisierten Fahrversuche werden ständig weiterentwickelt, so dass sich vor einem immer größeren Erfahrungshintergrund zunehmend präzise Aussagen über Fahreigenschaften aus der Interpretation von Kenngrößen ableiten lassen.

Ein besonderer Vorteil der Messung und Simulation liegt darin, dass über die subjektive Beurteilung hinaus zahlreiche für den Fahrer nicht wahrnehmbare Systemgrößen zu erfassen sind. Bild 1.4 zeigt eine Messeinrichtung zur kontinuierlichen Aufzeichnung der Radstellung im Fahrversuch. Vergleichbare Informationen sind über die Simulation mit einem Vollfahrzeugmodell zu gewinnen. Derartige Mess- oder Simulationsergebnisse erleichtern die Analyse von Versuchsergebnissen und die Ableitung von Optimierungsschritten.

Zusammengefasst ergibt sich bei der Fahrwerksabstimmung ein Verfahrensablauf, in dem alle drei Verfahren – d.h. subjektive Beurteilung, Messung und Simulation – sich sinnvoll ergänzen, um effektiv einen guten Abstimmungskompromiss zu erreichen. Dieses Vorgehen schließt folgende Arbeitsschritte ein:

1. Konstruktion
2. Erstellung eines Simulationsmodells
3. Voroptimierung mittels Simulation in den der Simulation zugänglichen Kriterien in Zusammenarbeit mit der Konstruktion
4. Bau eines Versuchsträgers oder Prototyps
5. Integrale subjektive Beurteilung im Fahrversuch
6. Validierung der Rechenmodelle
7. Vertiefte Analyse von in der subjektiven Beurteilung festgestellten Defiziten mittels Simulation und Messung
8. Iterative Erarbeitung von Verbesserungen in Schleifen, die über Konstruktion-Simulation oder Konstruktion-Versuch ablaufen können
9. Abschließende Beurteilung und Freigabe auf der Basis einer subjektiven Beurteilung

Voraussetzung für ein optimales Abstimmergebnis sind genau definierte fahrdynamisch relevante Lastenheftvorgaben bereits in der Konzeptphase einer Fahrzeugneuentwicklung. Interessante Größen sind beispielsweise Grenzwerte für Achslastverteilung, Schwerpunkthöhe, Auftriebsbeiwerte, Bodenfreigang, globale Karosseriesteifigkeit nach Biegung und Torsion, lokale Steifigkeiten der Achsanlenkpunkte, Lenksäulensteifigkeit, Grundauslegung von Federung nach Schwingzahlen und Federwegen usw. Häufig ergeben sich bereits in dieser Phase Konflikte mit Packagevorgaben. In der Regel zeigt sich aber, dass eine Überschreitung von definierten fahrdynamischen Grenzwerten nur durch erhöhten Kosten- und Entwicklungsaufwand zu kompensieren ist. Bild 1.5 zeigt die Einbindung der Fahrwerksfachbereiche in den Produktentstehungsprozess.

Eine weitere Bedingung für ein optimales Abstimmergebnis ist, frühzeitig die angestrebte Fahrwerks-Charakteristik hinsichtlich Lenkeigenschaften und Schwingverhal-

Bild 1.4 Fahrzeug mit Radstellungsmesseinrichtung

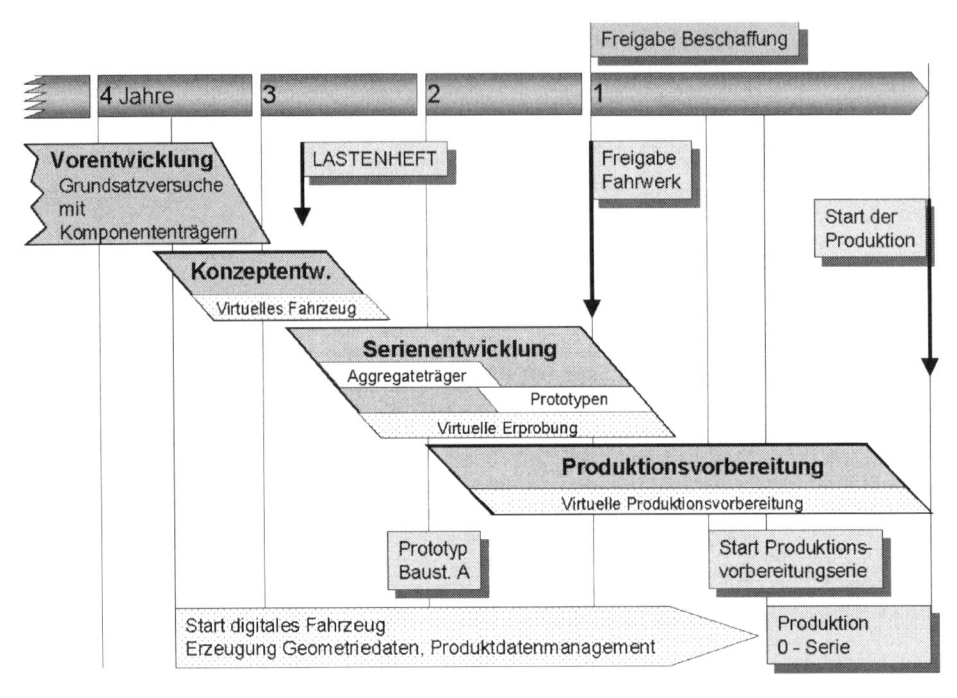

Bild 1.5 Entwicklungsprozess Fahrwerk

ten zu beschreiben (z.B. komfortbetontes Federungsverhalten, sportlich-spontane Lenkeigenschaften usw.). Diese Ziele (Bild 1.6) werden üblicherweise unter Berücksichtigung bereichsübergreifender Interessen, wie unternehmens- und marktpolitische Aspekte, Kundenanforderungen, Wettbewerbsorientierung usw., abgestimmt und als Lastenheft bzw. Produktbeschreibung dokumentiert [14 bis 18].

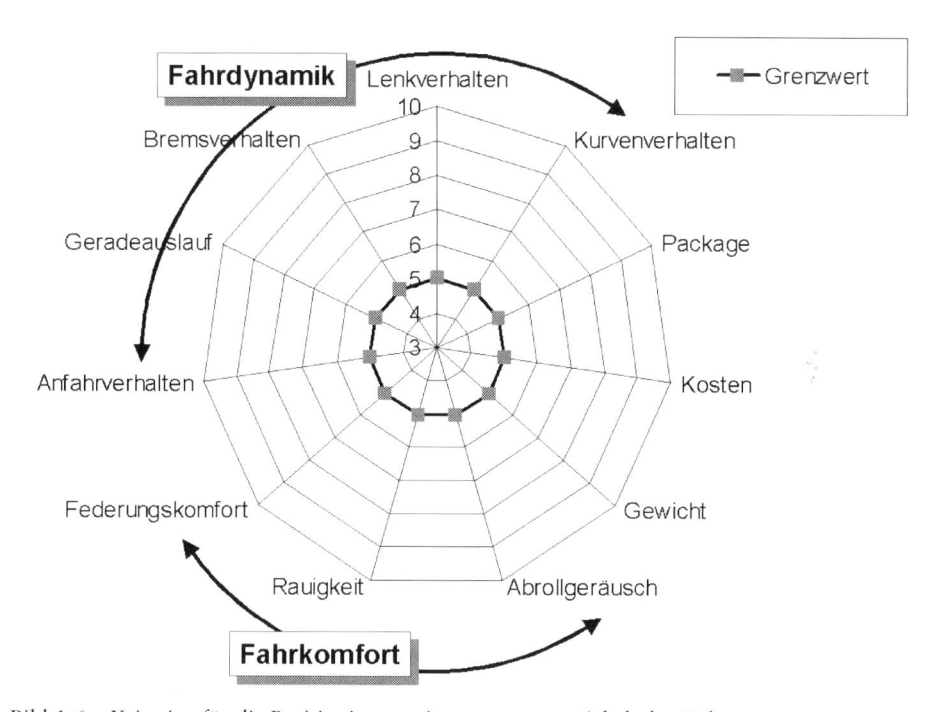

Bild 1.6   Kriterien für die Positionierung eines neu zu entwickelnden Fahrzeugs

2 Fahreraufgaben

2.1 Regelkreis Fahrer–Fahrzeug–Umwelt

Mit der Fahrzeugführung übernimmt der Fahrer die Aufgaben der Steuerung und Regelung eines Fahrzeugs. Ohne dass dies dem Fahrer bewusst wird, sind dabei große Mengen von optischen, akustischen und dynamischen Informationen aufzunehmen, zu bewerten und durch ständige Soll-Ist-Vergleiche Regeleingriffe auszulösen (Bild 2.1). Dabei müssen sowohl durch den Fahrer ausgelöste Fahrzeugreaktionen, Rückwirkungen aus Fahrdynamik und Fahrverhalten des Fahrzeugs als auch Reaktionen auf das Fahrzeug aus Umwelteinflüssen berücksichtigt werden. Die Aufgaben der Fahrzeugführung lassen sich nach einem hierarchischen 3-Ebenen-Modell (Bild 2.2) aufteilen in

- Navigation – Zielvorgabe, Straßennetz ermitteln, Route festlegen;
- Antizipation – Vorausschau auf die gewählte Route mit Festlegung eines Sollkurses unter Berücksichtigung der Rahmenbedingungen, wie Streckenführung, StVO, Verkehrslage;
- Stabilisierung – Abweichungen vom Sollkurs kompensieren.

Bei der Fahrzeugführung werden alle drei Regelaufgaben parallel oder intermittierend bearbeitet (Bild 2.3) [19]. Die fahrdynamischen Eigenschaften eines Fahrzeugs beeinflussen direkt die Ausführung der Regelaufgabe bei der Stabilisierung und wirken sich außerdem in geringerem Umfang auf die Bewältigung der Antizipationsaufgabe aus. Die subjektive Beurteilung des Fahrverhaltens beschäftigt sich vornehmlich mit der Stabilisierungsaufgabe. Hier dominieren die Einflüsse der Fahrdynamik. Jedoch prägen die Maßnahmen zum Fahrkomfort nachhaltig die Fahreindrücke (wie z.B. Fahrsicherheit, Fahrspaß, Handlichkeit, Bequemlichkeit, Sympathie, Vertrauen zum Fahrzeug) und beeinflussen damit die gewählte Fahrstrategie.

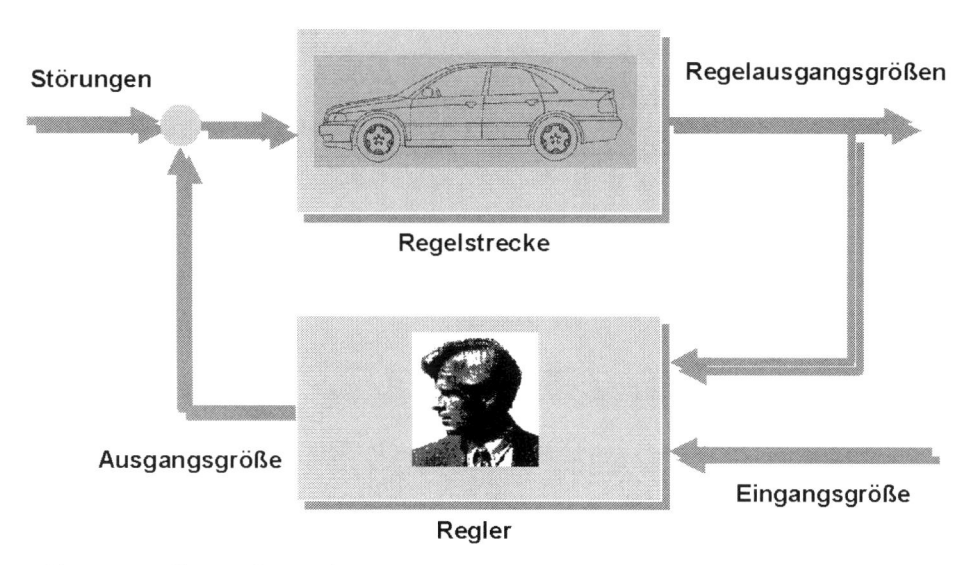

Bild 2.1 Regelkreis Fahrer–Fahrzeug

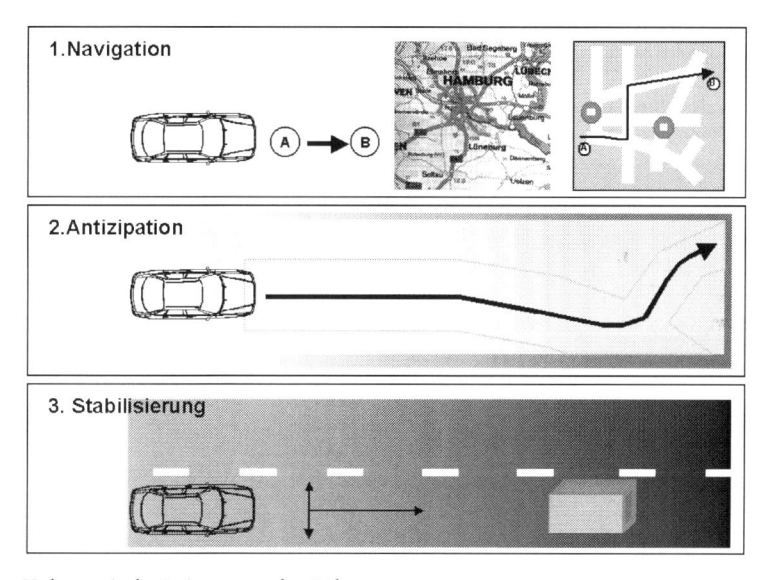

Bild 2.2 Kybernetische Leistungen des Fahrers

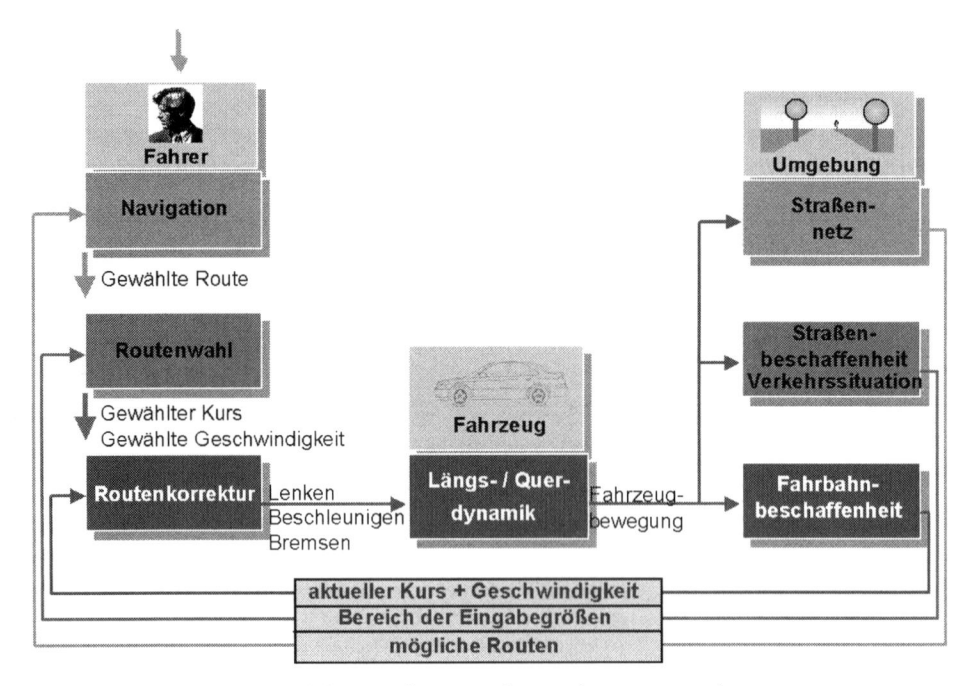

Bild 2.3 Mehrebenenmodell des Regelkreises Fahrer–Fahrzeug–Umwelt

2.2 Kritische Fahrmanöver

Zur Entlastung des Fahrers und zur Vermeidung von Unfällen in kritischen Situationen werden hohe Anforderungen an das fahrdynamische Verhalten eines Fahrzeugs im Grenzbereich gestellt. In Bild 2.4 ist das Fahrer-Fahrzeug-Verhalten bei auftretenden Störgrößen dargestellt. Fahrzeugzustand, Witterungsbedingungen und Fahrerkondition bilden das Risiko-Ausgangsniveau. Bei Störungen zeigt sich die fahrdynamische Güte des Fahrzeugs als Steigung des Risikoniveaus in der Reaktionszeit (je flacher, desto größere Eigenstabilität). Die Fahrzeugreaktion auf Korrektureingriffe, aber auch die Routine des Fahrers prägen den Verlauf der Fahrer-Reaktionsphase.

Für ein gutmütiges Fahrzeugverhalten in kritischen Situationen sind folgende Eigenschaften besonders anzustreben:

❏ vorhersehbare Fahrzeugreaktionen auf Lenk- und Lastwechselbefehle,
❏ hohe Gierdämpfung,
❏ eindeutige Rückmeldung bei Annnäherung an die Grenzen der Seitenführung,
❏ weiches Übergangsverhalten (kein schlagartiges Abreißen der Seitenführung),
❏ einheitliches Fahrverhalten unabhängig von Fahrbahnreibwerten und Beladung.

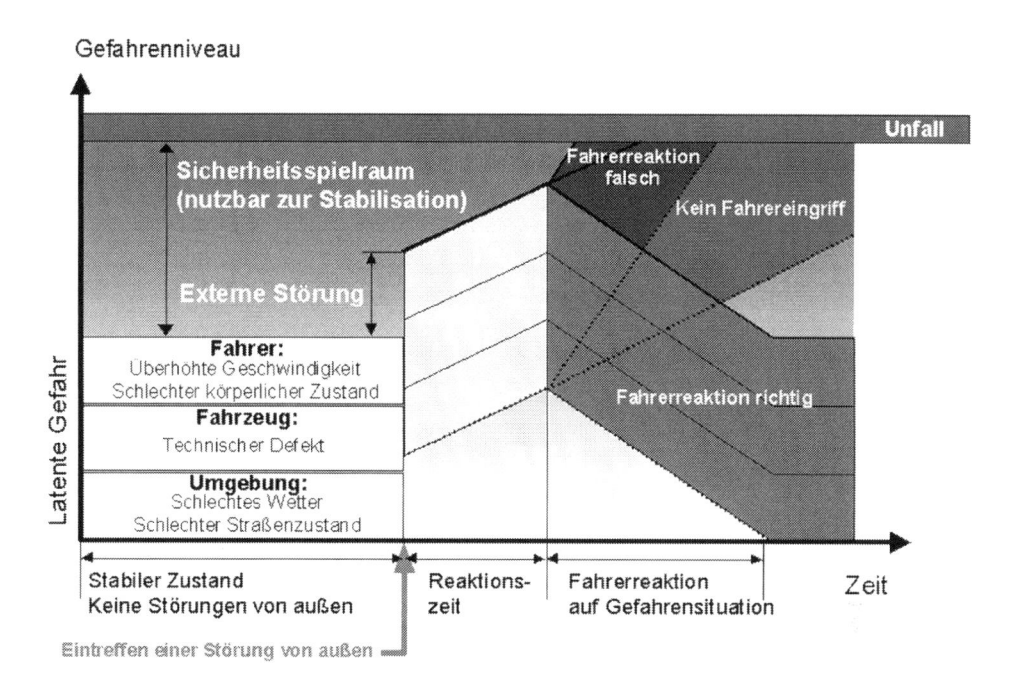

Bild 2.4   Sicherheitspotential in kritischen Fahrsituationen

In Fahrzeugen heutiger Generation finden elektronische Stabilisierungssysteme zunehmend Verbreitung [20 bis 23]. Sie wirken grundsätzlich fahrerentlastend und häufig sogar unfallvermeidend. Das Fahrverhalten sollte allerdings so abgestimmt werden, dass die fahrdynamischen Eigenschaften auch ohne diese Fahrhilfen ausgewogen und gutmütig sind. Nur auf dieser Basis können Regelsysteme größtmögliche Stabilisierungseffekte erreichen.

2.3   Profil des Fahrwerkingenieurs

Die Führung eines Kraftfahrzeugs ist eine erlernte Fähigkeit, bei der sich der Fahrer mit zunehmender Fahrpraxis immer leistungsfähigere Reaktionsmuster aneignet (Bild 2.5). Führt der Fahranfänger sein Fahrzeug noch vorwiegend über ein wissensbasiertes Verhalten, das nur langsame Reaktionen erlaubt, so verfügt der trainierte Fahrer über schnelle, automatisierte Verhaltensmuster, die ihm ein schnelles Reagieren bei einer Fahrt im Grenzbereich erlauben [24; 25]. Diese automatisierten sensomotorischen Muster laufen im Unterbewusstsein ab und ermöglichen dem Fahrer so die Bearbeitung weiterer Regelaufgaben oder eine genauere Beobachtung des Fahrvorgangs.

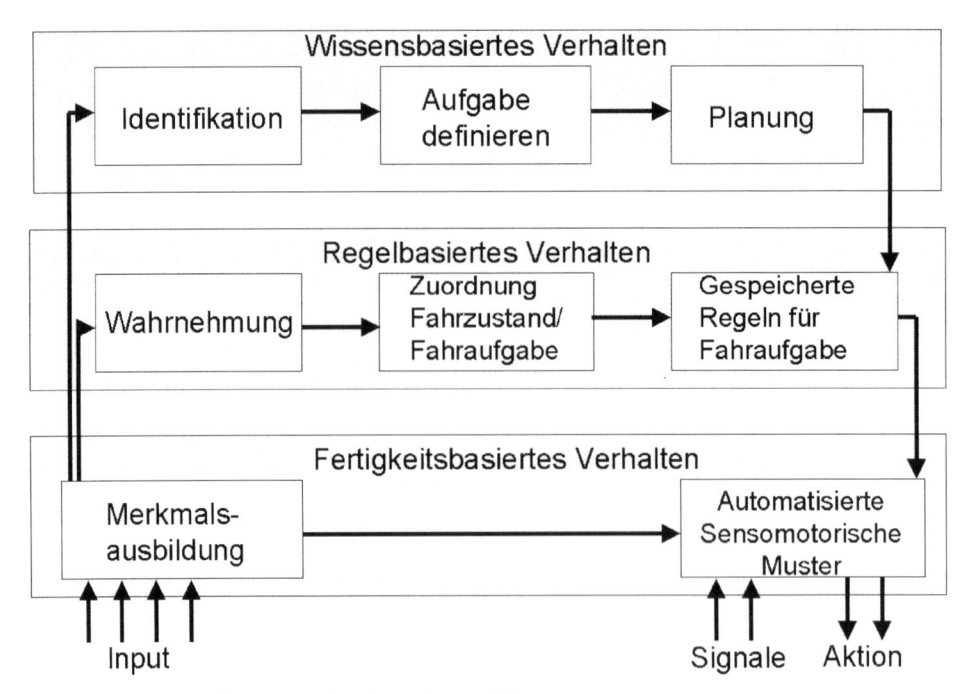

Bild 2.5 Reaktionskategorien bei der Fahrzeugführung

Für die Abstimmung der Fahrdynamik ist es unerlässlich, dass der Entwicklungsingenieur über eine lange Fahrpraxis mit unterschiedlichen Fahrzeugen und damit über ein gut abgesichertes fertigkeitsbasiertes Verhalten verfügt. Nur so ist er in der Lage, die Regelaufgabe der Fahrzeugführung und zugleich die Beurteilung des fahrdynamischen Geschehens vorzunehmen.

Neben der kompetenten Fahrzeugführung muss der Entwicklungsingenieur über gute Kenntnisse zu den fahrdynamischen Zusammenhängen und der Technik von Fahrwerken verfügen. Wichtig ist, dass er das subjektiv empfundene Fahrverhalten möglichst umgehend in technische Maßnahmen umsetzen kann. Vielfach ist das Ergebnis einer Testfahrt nicht nur das Subjektivurteil, sondern zugleich ein Konzept für weitere technische Maßnahmen zur Optimierung von Handling und Komfort.

3 Bewertungskriterien

Die Bearbeitung der Entwicklungsaufgabe, das Fahrzeug im Hinblick auf Fahrverhalten und Fahrkomfort zu optimieren, wird bei der Fahrwerksabstimmung in zahlreiche Arbeitsschritte untergliedert, für die spezielle Bewertungskriterien und Zielvorstellungen bestehen. In Bild 3.1 sind die nach Hauptfahrbedingungen gegliederten Einzelkriterien in Form eines umfassenden Bewertungsbogens zusammengestellt. Die zugrunde liegenden Fahrmanöver, Bewertungsinhalte und Entwicklungsziele werden in Kapitel 7 genauer beschrieben. Die Optimierung jedes dieser Einzelkriterien orientiert sich an dem grundsätzlichen Entwicklungsziel, die Eigenschaften des Fahrzeugs im Hinblick auf eine sichere und komfortable Fahrt an die Eigenschaften des Menschen anzupassen.

Die aktive Sicherheit von Fahrzeugen ist insbesondere unter folgenden Gesichtspunkten zu bewerten:

- Wahrnehmungssicherheit,
- Handhabungssicherheit,
- Konditionssicherheit,
- Fahrsicherheit.

Einige der wichtigsten Anforderungen an die Fahreigenschaften eines Fahrzeugs können wie folgt zusammengefasst werden:

- Das Fahrzeug muss leicht zu führen sein, es muss vorhersehbar auf die Regeltätigkeiten des Fahrers reagieren und sich bis zu einem gewissen Maß unempfindlich gegenüber Störungen verhalten, die durch Fahrbahn- oder Witterungseinflüsse verursacht werden.
- Die Höhe der Zuladung sollte sich nicht auf die Fahreigenschaften auswirken.
- Das Fahrzeug muss auch in Schrecksituationen gut beherrschbar bleiben.
- Witterungseinflüsse/Reibwertschwankungen sollten die Balance der Fahreigenschaften nicht grundsätzlich ändern.
- Dem Fahrer sollte ausreichend Fahrbahnkontakt vermittelt werden.
- Im Hochgeschwindigkeitsbereich ist hohe Richtungsstabilität mit geringstmöglichen Lenkkorrekturen anzustreben.
- Für Limousinen gilt im Allgemeinen als Ziel einer Fahrwerks-Charakteristik: bestmöglicher Fahrkomfort mit wirkungsvoller Isolierung hinsichtlich Akustik und Beschleunigungen ohne Einbußen an Fahrdynamik.

SUBJEKTIVE BEURTEILUNG DES FAHRVERHALTENS

1.	ANFAHRVERHALTEN		3.	LENKVERHALTEN		5.6	Spurrinnenempf.	
1.1	Anfahrnicken		3.1	Anlenkverhalten		5.7	Lastwechselsteuern	
1.2	Anfahrpendeln		3.2	Ansprechverhalten		5.8	Seitenwindverhalten	
1.3	Anfahrschütteln		3.3	Grabeneffekt		5.9	Windempfindlichkeit	
1.4	Verlenken		3.4	Center Point		5.10	Pendelstab. Gespann	
1.4.1	Reibw. hoch		3.5	Lenkkraftniveau				
1.4.2	Reibw. splitt		3.5.1	Mittellage		6.	FAHRKOMFORT	
1.5	Torque-Steer		3.5.2	Proportionalbereich		6.1.1	Federgskomfort langs.	
1.6	Lenkungsklemmen		3.5.3	Parkieren		6.1.2	Federgskomfort schnell	
1.7	Traktion		3.6	Lenkungsüberholen		6.2	Nickfederverhalten	
1.7.1	Reibw. hoch		3.7	Überschwingen (Rückl.)		6.3	Wankfederverhalten	
1.7.2	Reibw. nieder		3.8	Nachschwingen (Richtgsw.)		6.4	Aufbaudämpfung	
1.7.3	Reibw. splitt		3.9	Nachlenken		6.5	Abrollkomfort	
1.7.4	Reibw. Sprung		3.10	Zielgenauigkeit		6.6	Rauigkeit (Harshness)	
1.8	Regelverhalt.ATC		3.11	Fahrbahnkontakt		6.7.1	Abrollgeräusch	
1.9	Pedalrückw. ATC		3.12	Handlichkeit		6.7.2	Reifenheulen	
			3.13	Lenkungsrücklauf		6.8	Kantenempfindlichkeit	
2.	BREMSVERHALTEN					6.9	Dröhnen	
2.1	Bremsverzögerung		4.	KURVENVERHALTEN		6.10.1	Poltern (Achs/Dämpf)	
2.1.1	Reibw. hoch		4.1	Eigenlenkverhalten		6.10.2	Dämpferzischen	
2.1.2	Reibw. nieder		4.2	Einlenkverhalten		6.11	Prellen	
2.1.3	Reibw. splitt		4.3	Seitenkraftaufbau		6.12	Schluckvermög (Stöß.)	
2.1.4	Reibw. sprung		4.4	Giergeschw-aufbau		6.13	Aushängen (Ausfedw.)	
2.2	Standfestigkeit		4.5	Querführungsvermög.		6.14	Puffereinsatz	
2.3	Geradeausstabilität		4.6	Wankverhalten		6.15	Zurückwerfen	
2.4	Kurvenlauf		4.7	Diagonal-Tauchen		6.16	Reiten/Freeway-Hop	
2.5	Lenkbarkeit		4.8	Aufstützen		6.17	Anfedern/Kopieren	
2.6	Gierstabilität		4.9	Wankschrauben		6.18	Stuckern (5-15 Hz)	
2.6.1	Reibw. hoch		4.10	Spurwechselverhalten		6.19	Lastwechselschlag	
2.6.2	Reibw. nieder		4.11	Lenk-Bremsverhalten		6.20	Aufbauzittern (16-40Hz)	
2.6.3	Reibw. splitt		4.12	Lenk-Beschleunigungsverh.		6.21	Lenkungszittern	
2.7	Bremsnicken		4.13	Fahrbahneinflüsse		6.22	Lenkungsflattern	
2.8	Pedalkraftaufwand		4.14	Lastwechselreaktion		6.23	Lenkungsstößigkeit	
2.9	Pedalgefühl					6.24	Lenkgs-Rückschlag.	
2.10	Pedalrückwirkg.ABS		5.	GERADEAUSFAHRT		6.25	Lenkungsklappern	
2.11	Pedalmoving ABS		5.1	Geradeausstabilität		6.26.1	Sitzkomfort/-isolation	
2.12	Bremsrubbeln		5.2	Federungslenken		6.26.2	Sitzseitenführung	
2.13.1	Bremsgeräusche allg.		5.3	Wanklenken				
2.13.2	Quietschen, Buhen		5.4	Lenkungspendeln				
2.14	Trampeln/Stempeln		5.5	Längsfugenempf.				

Fzg./Typ:	Pol.Kennz.:	Zweck:
Motor:	Antrieb:	Getriebe:
Reifen-Dim.:	Fabrikat:	Luftdruck:
Versuchsstand:		Beladg:
Strecke:		
Sonstiges:		Datum:
		Fahrer:

Bild 3.1 Beurteilungsbogen für Subjektivbeurteilungen

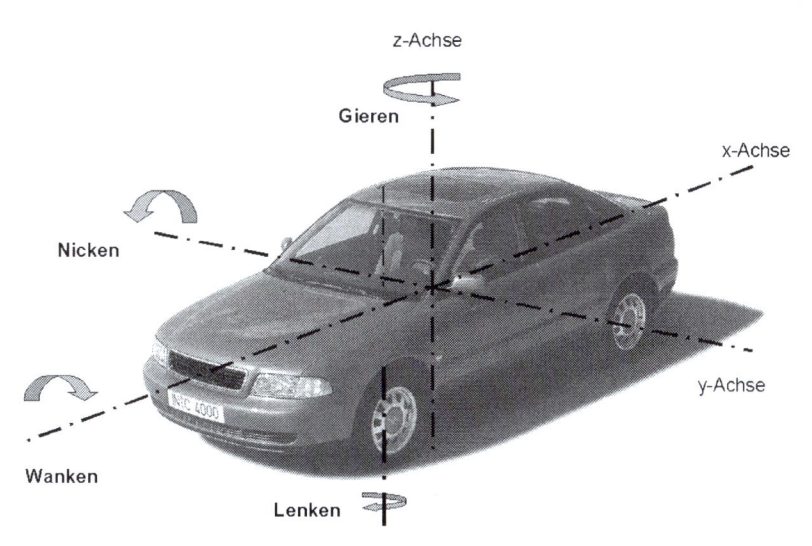

Bild 3.2 Koordinatensystem

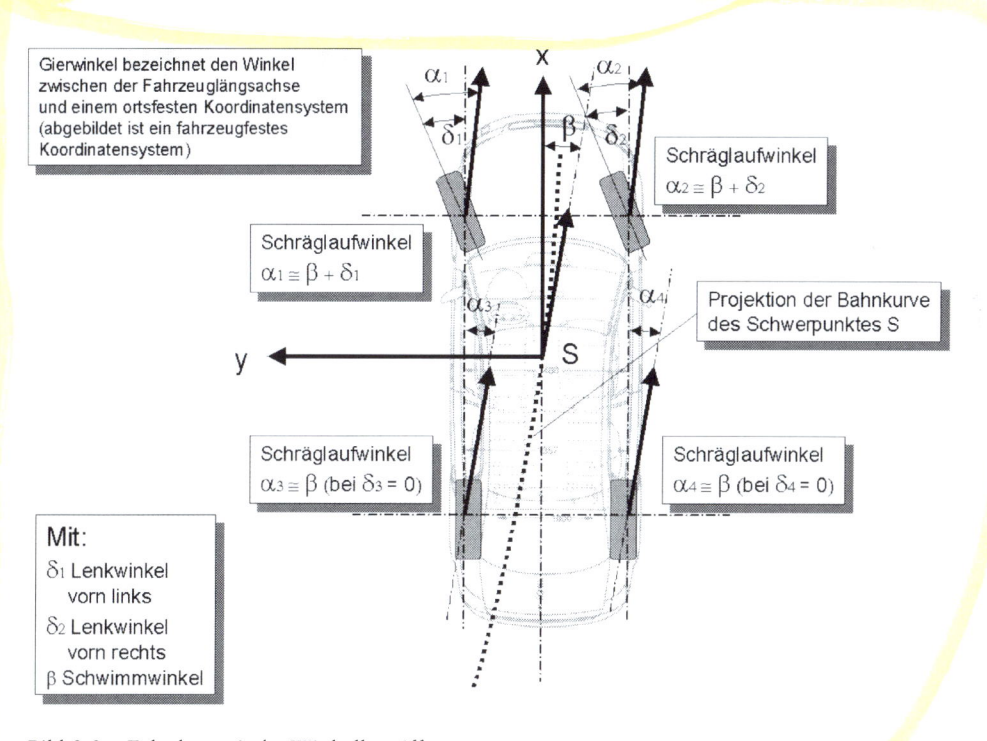

Gierwinkel bezeichnet den Winkel zwischen der Fahrzeuglängsachse und einem ortsfesten Koordinatensystem (abgebildet ist ein fahrzeugfestes Koordinatensystem)

Schräglaufwinkel
$\alpha_2 \cong \beta + \delta_2$

Schräglaufwinkel
$\alpha_1 \cong \beta + \delta_1$

Projektion der Bahnkurve des Schwerpunktes S

Schräglaufwinkel
$\alpha_3 \cong \beta$ (bei $\delta_3 = 0$)

Schräglaufwinkel
$\alpha_4 \cong \beta$ (bei $\delta_4 = 0$)

Mit:
δ_1 Lenkwinkel vorn links
δ_2 Lenkwinkel vorn rechts
β Schwimmwinkel

Bild 3.3 Fahrdynamische Winkelbegriffe

Bild 3.2 veranschaulicht das üblicherweise angewandte Koordinatensystem und einige der geläufigsten Bewegungsbegriffe. Häufig verwendete Winkelbegriffe für Fahrzustände unter Seitenkräften sind aus Bild 3.3 ersichtlich [26].

4 Bewertungssystem

Um die Eigenschaften eines Fahrzeugs subjektiv beschreiben und vergleichen zu können, bedarf es eines geeigneten Bewertungssystems.

Aus der Anwendung subjektiver Bewertungen in Entwicklungsprozessen ist bekannt, dass gut differenzierte und sichere Ergebnisse erzielt werden, wenn das Bewertungssystem nicht mehr als sechs Stufen, keine mittlere Bewertungsnote und eindeutige Aussagen über die Bedeutung einer Beurteilungsstufe enthält.

Neben vielen Beurteilungssystemen mit Zahlen oder Texten hat sich in der Kraftfahrzeugindustrie die 10er-Notenskala auf breiter Basis durchgesetzt (Bilder 4.1 und 4.2) [27]. Die Beurteilung erfolgt in zwei Stufen. In der ersten Stufe wird entschieden, ob die bewertete Eigenschaft dem Industriestandard entspricht. Ist dies der Fall, werden die Noten 5 bis 10 vergeben. Andernfalls wird das Testergebnis in den Stufen 1 bis 4 bewertet. Zu einer Qualifizierung der Aussage können im Bereich der Noten 5 bis 9 halbe oder Viertelnoten vergeben werden.

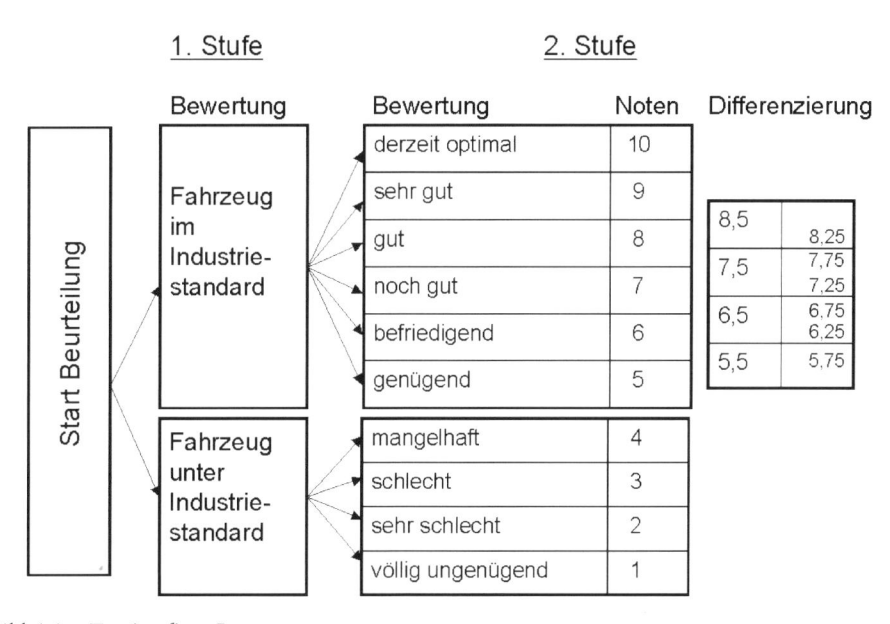

Bild 4.1 Zweistufiges Bewertungssystem

Bewertung	Beobachter	Mängel	Noten
derzeit optimal	ausgebildete Beobachter	nicht wahrnehmbar	10
sehr gut	ausgebildete Beobachter	kaum wahrnehmbar	9
gut	ausgebildete Beobachter, kritische Kunden	äußerst gering	8
noch gut	kritische Kunden	sehr gering	7
befriedigend	kritische Kunden	gering	6
genügend	kritische Kunden, Normalkunden	gut wahrnehmbar	5
mangelhaft	Normalkunden	unangenehm (Reklamation), Verbesserung erforderlich	4
schlecht	alle Kunden	nicht akzeptabel, Bauteil fehlerhaft	3
sehr schlecht	alle Kunden	nicht akzeptabel, Bauteil bedingt funktionsfähig	2
völlig ungenügend	alle Kunden	nicht akzeptabel, Bauteil ohne Funktion	1

Bild 4.2   Bewertungsschema

Um eine ausreichende Differenzierung zu erhalten, wird die Bewertung in der Regel auf eine Fahrzeugklasse bezogen; das bedeutet, dass beispielsweise in einem mit einer Komfortnote 7 beurteilten Kleinwagen mehr Störimpulse vorhanden sein dürfen als in einem ebenfalls mit 7 bewerteten Oberklassefahrzeug. Ferner ist zu berücksichtigen, dass die Werte einer zeitlichen Drift unterliegen, die etwa der Weiterentwicklung des «Standes der Technik» entspricht. Als groben Richtwert insbesondere für die Komfortdisziplinen kann man 0,5 Noten Abwertung für einen 2-Jahres-Turnus annehmen; demnach würde ein einmal beurteiltes Fahrzeug bei einer Wiederbeurteilung nach 3 bis 4 Jahren um ca. 1 Note schlechter bewertet.

5 Testfahrzeug

5.1 Vorbereitung des Fahrzeugs

Vor Beginn von Beurteilungsfahrten ist das Fahrzeug auf ordnungsgemäßen Zustand entsprechend den Herstellervorgaben zu überprüfen; das sind insbesondere

- Achsgeometrie und Fahrzeughöhe,
- Reifenluftdruck, Profilverschleißzustand,
- Füllmengen (Kraftstoff, Motorenöl usw.),
- gegebenenfalls Achslasten,
- evtl. Ballast/Zusatzgewichte.

Besteht die Notwendigkeit, Fahrwerksabstimmungen häufig im fahrdynamischen Grenzbereich durchzuführen und fehlt auf den Strecken ausreichender Sturzraum, ist eine Ausrüstung mit zusätzlichen Sicherheitsmaßnahmen zu erwägen. Das kann beispielsweise fahrzeugseitig ein Überrollkäfig (Bild 5.1) oder fahrerseitig ein Fahrer-

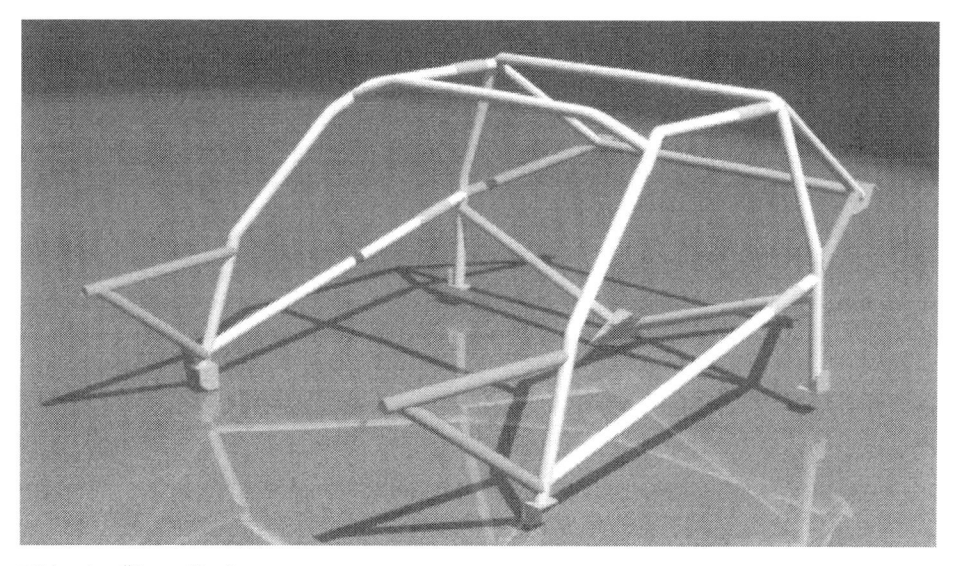

Bild 5.1 Überrollkäfig

schutzhelm sein. Dabei ist jedoch zu bedenken, dass ein Überrollkäfig die Karosseriesteifigkeit (Biegung; Torsion) deutlich erhöhen kann. Damit verbunden ist ein Fehlerrisiko bei der Beurteilung von beispielsweise Eigenlenkverhalten, Lenkansprache, Zittern, Nachprellen usw. Ferner entstehen durch die Verschraubungspunkte zur Karosse Isolationslücken und damit zusätzliche Geräuschquellen. Der Nachteil im Fahrbetrieb mit Schutzhelm liegt neben der zusätzlichen Masse, die durch Kopf- und Nackenmuskulatur abgestützt werden muss, darin, dass Fahrgeräusche stark gefiltert werden und Komfortbewertungen damit kaum möglich sind.

5.2 Beladungszustand

Bewertungen sind immer in den beiden extremen Beladungszuständen vorzunehmen:

- ❏ minimales Testgewicht (Fahrer und Leergewicht des Fahrzeugs, evtl. Messausstattung),
- ❏ maximales Testgewicht (zulässiges Gesamtgewicht mit zulässiger Hinterachslast oder zulässiger Vorderachslast).

Jedoch werden häufig Beladungszustände innerhalb der extremen Bedingungen gewählt. Eine praxisgerechte hohe Zuladung für Pkw (Limousinen) wird z.B. durch 5 Personen à 75 kg auf den Sitzen und einer Zusatzmasse von 80 kg im Kofferraum erreicht. Zur Simulation der Personen auf dem Beifahrersitz und der hinteren Sitzbank werden häufig Ballast-Dummys in Form gefüllter Wassercontainer verwendet (Bild 5.2).

Bild 5.2
Ballast-Dummy

5.3 Technische Daten

Die technischen Daten eines Modells sind beispielhaft in Bild 5.3 dargestellt. Darüber hinaus werden Außenabmessungen (Bild 5.4), relevante Innenmaße (Komfortmaße, Kofferraumabmessungen, Bild 5.5) sowie Achslasten bei DIN Leer und zulässiger Vollast (abhängig von Motor-, Getriebe- und Sonderausstattungen) und zugehörige Reifenluftdrücke dokumentiert. Begriffe zu Abmessungen, Fahrwerksdaten und Messbedingungen sind in den Normen DIN 70 020 [28] und 70 027 [29] definiert.

Geometrie (in DIN Leerlage)	Einheit	Vorderachse	Hinterachse
Radstand	mm	-	2645
Spurweite	mm	1524	1521
Vorspur (gesamt)	min	+20	+30
Sturz	min	-40	-70
Spreizung	Grad	4,1	-
Nachlaufwinkel	Grad	3,1	-
Nachlaufstrecke	mm	21,9	-
Lenkrollradius	mm	-7,8	-
Störkrafthebelarm	mm	11,2	-
Kinematikkennwerte, Federung (Daten in KL*)			
Einfederweg	mm	86	110
Ausfederweg	mm	-109	-100
Momentanpolhöhe	mm	59,9	103
Bremskraftabstützung	%	67,2	14
Antriebskraftabstützung	%	19,5	47
Vorspuränderung	min/mm	-0,13	0,3
Sturzänderung	min/mm	-0,92	-0,7
Spurweitenänderung	mm/mm	0,06	0,13
Spurdifferenzwinkel bei 20 Grad Lenkwinkel innen	Grad	-1,4	-
maximalem Lenkwinkel	Grad	-5,9	
Lenkübersetzung	-	16,3	-
Federrate am Rad mit Reifen	N/mm	25,3	17,7
ohne Reifen	N/mm	29,3	18,4
Hubeigenfrequenz	Hz	+1,2	+1,2

* KL: Konstruktionslage entspricht Beladungszustand mit 3 Personen

Bild 5.3   Fahrwerksdaten

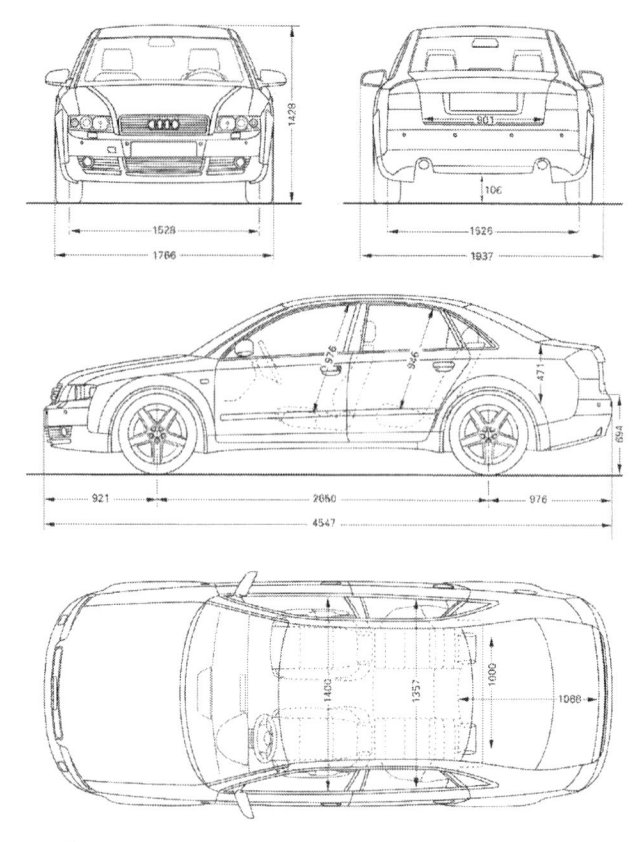

Bild 5.4 Fahrzeugabmessungen

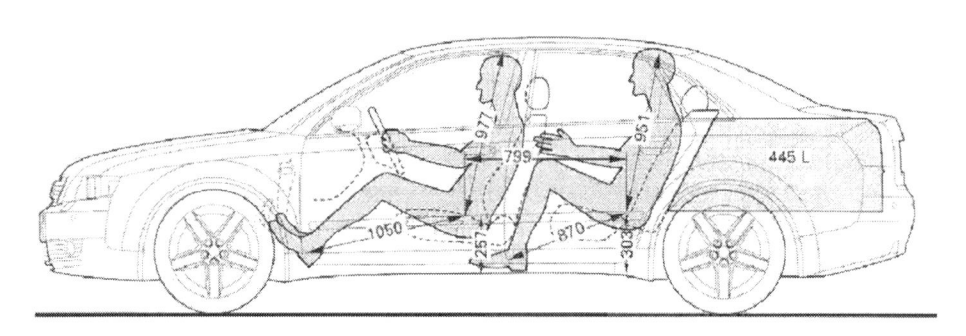

Bild 5.5 Komfortmaße

32

6 Testablauf

Bei dem üblichen Ablauf einer Testfahrt werden immer nur einige der aufgeführten Kriterien beurteilt (maximal 10 Kriterien bei einer Testfahrt). Für eine Grobbewertung verwendet man nur die zusammenfassenden Oberbegriffe. Für Detailuntersuchungen werden je nach Aufgabenstellung einzelne Kriterien zu einem Fragebogen zusammengestellt. So werden auch für die verschiedenen Teststrecken (z.B. Streckenteile in einem Werksgelände, einer Prüfstrecke oder einer Rennstrecke) spezielle, an die Streckenführung oder Fahrbahnbeschaffenheit angepasste Fragebögen vorgegeben. Ebenso lassen sich auf einzelne Bauteile (z.B. Lenkung, Reifen) bezogen spezielle Fragebögen ableiten (Bilder 6.1 und 6.2).

Die Fahreigenschaften eines Fahrzeugs werden durch zahlreiche Parameter beeinflusst, so dass eine umfassende Beschreibung immer unter Variation der für die Aussage wichtigen Einflussparameter erfolgen sollte.

Subjektive Lenkungsbeurteilung

Fahrzeug/Modell _____ Kennzeichen _____
Lenkungsvariante _____ Fahrer _____
Lenkrad _____ Datum _____
Reifen-/Raddimension _____ Witterung _____
Reifenfabrikat/Typ _____ Temperatur _____
Reifenluftdruck _____ Beladung _____
Fahrstrecke _____
Besonderheiten _____

Geradeausfahrt
- Ansprechen aus der Mitte (Sponanität)
- Mittengefühl (Centerpoint)
- Grabeneffekt
- Lenkmoment in Mittellage
  - bei niederen Geschwindigkeiten
  - bei hohen Geschwindigkeiten
- Lenkungsrücklauf/Kleben
- Lenkungspendeln

Fahrstabilität
- Lenkharmonie im Handling
- Lenkmoment im Proportionalbereich
  - im Grenzbereich
  - -verlauf bei Spurwechsel
- Zielgenauigkeit
- Fahrbahnkontakt
- Lenkungsüberholen
- Überschwingen bei Rücklauf

Fahrkomfort
- Lenkmoment beim Parkieren
- Lenkungseindrehen beim Parkieren
- Lenkungsstößigkeit
- Lenkradkribbeln
- Lenkungsrückschlagen
- Geräusche Servopumpe
- Lenkungsklappern

Gesamteindruck

Bild 6.1 Beurteilungsbogen Lenkung

Subjektive Reifenbeurteilung

Fahrzeug/Modell _____ Kennzeichen _____
Reifendimension _____ Fahrer _____
Raddimension _____ Datum _____
Reifenfabrikat _____ Witterung _____
Typ/Variante _____ Temperatur _____
Reifenluftdruck _____ Beladung _____
Fahrstrecke _____
Besonderheiten _____

Geradeausfahrt
- Ansprechen aus der Mitte (Spontanität) ☐ _____
- Mittengefühl (Centerpoint) ☐ _____
- Lenkmoment in Mittellage
  - bei niederen Geschwindigkeiten ☐ _____
  - bei hohen Geschwindigkeiten ☐ _____
- Längsfugenempfindlichkeit ☐ _____
- Spurrinnenempfindlichkeit ☐ _____

Fahrstabilität
- Lenkharmonie im Handling ☐ _____
- Seitenkraftaufbau ☐ _____
- Lenkmoment im Proportionalbereich ☐ _____
  - im Grenzbereich ☐ _____
  - -verlauf bei Spurwechsel ☐ _____
- Eigenlenkverhalten ☐ _____
- Lastwechselverhalten ☐ _____
- Zielgenauigkeit ☐ _____
- Fahrbahnkontakt ☐ _____
- Überschwingen bei Rücklauf ☐ _____

Fahrkomfort
- Schluckvermögen ☐ _____
- Abrollgeräusch/Profilgeräusch ☐ _____
- Rauigkeit (Harshness) ☐ _____
- Kantenempfindlichkeit ☐ _____
- Prellen ☐ _____
- Stuckern ☐ _____
- Lenkungsstößigkeit ☐ _____

Gesamteindruck _____

Bild 6.2   Beurteilungsbogen Reifen

6.1 Fahrbahn

6.1.1 Trassierung

Zur Beurteilung der Fahreigenschaften ist ein möglichst großes Spektrum von Streckenführungen und Fahrbahnoberflächen erforderlich. Gute Voraussetzungen dafür bieten – nicht zuletzt unter Sicherheitsaspekten – Testgelände oder abgesperrte Rennstrecken. Bild 6.3 zeigt beispielhaft eine Übersicht, Bild 6.4 den Streckenplan eines Prüfgeländes. Diese Gelände bieten üblicherweise mehrspurige Schnellfahrbahnen mit überhöhten Kurven (Bild 6.5), Handlingkurse mit verschiedensten Kurvenverläufen (Bild 6.6) und bewässerbaren Sektionen oder Rundkursen (Bild 6.7), verschiedenen Fahrbahnunebenheiten bzw. Oberflächen und eine Dynamikfläche (Skid-Pad, Bild 6.8) mit schnellen Zufahrtstrecken.

Zur Beurteilung von Fahrdynamik und Schwingverhalten erweisen sich Rennstrecken wie etwa die Nordschleife des Nürburgrings (Bild 6.9) als gut geeignet. Für Fahrversuche, die bis in den Grenzbereich durchgeführt werden, sollten ausreichend Sturzräume und Leit- bzw. Fangvorrichtungen vorhanden sein.

Trotz der guten Testmöglichkeiten in Prüfgeländen ist es unbedingt erforderlich, einen Großteil der Bewertungen unter kundenrelevanten Bedingungen im öffentlichen

Bild 6.3   Prüfgelände Papenburg, Übersicht

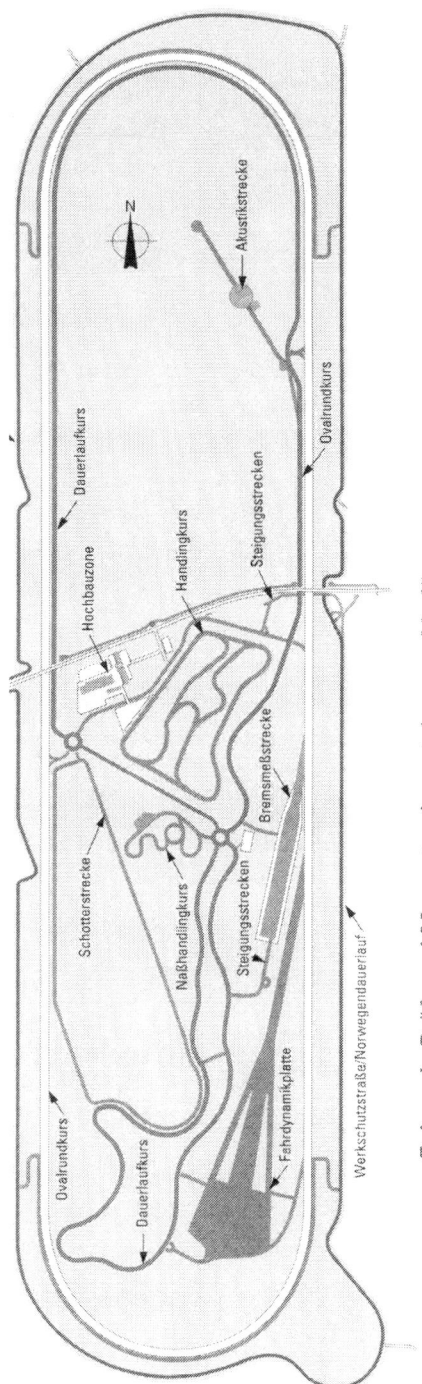

Folgende Prüf- und Messstrecken stehen zur Verfügung

Ovalrundkurs
12,25 km, 4/5 Fahrbahnen; Fahrzeuggeschwindigkeit bis zu 250 km/h in den Steilkurven, spezielle Autobahnbeläge sind integriert (z.B. Los Angeles 710), langwellige, wechsel- bzw. gleichseitige Anregungen

Fahrdynamikplatte
Kreisplatte (300 m Durchmesser) mit 1,2 km zentralen oder tangentialen Zufahrten

Bremsmessstrecke
450 m, verschiedene zu bewässernde Straßenbeläge mit einer 300 m langen Zufahrt vom Ovalrundkurs (Gleitbeiwert (μ) 0,9 to 0,15)

Dauerlaufkurs 12,4 km Rundkurs mit verschiedenen Sonderstrecken

Handlingkurs
4,1 km, Nachbildung des kleinen Hockenheimringes und 1,2 km Naßhandlingkurs mit integriertem Skid pad (40 m Radius)

Akustikstrecke
Über 300 m lang mit Messbereichen für Pkw und NFZ. Erstellt nach ISO 362

Steigungsstrecken
Steigungen von 5%, 8%, 12% und 18%

Schotterstrecke
Lockere und festgefahrene Schotterstrecken

Werkschutzstraße

Hochbauzone
Werkstattgebäude; Verwaltung und Energiegebäude mit 4 Fremdfirmenboxen

Norwegendauerlauf in Planung

Bild 6.4 Prüfgelände, Streckenplan

Stand: 08.07.98

EG&G ATP GmbH & Co.
Automotive
Testing Papenburg KG

37

Bild 6.5 Schnellbahnoval

Bild 6.6 Handlingstrecke

Bild 6.7   Nasshandling

Bild 6.8   Fahrdynamikfläche

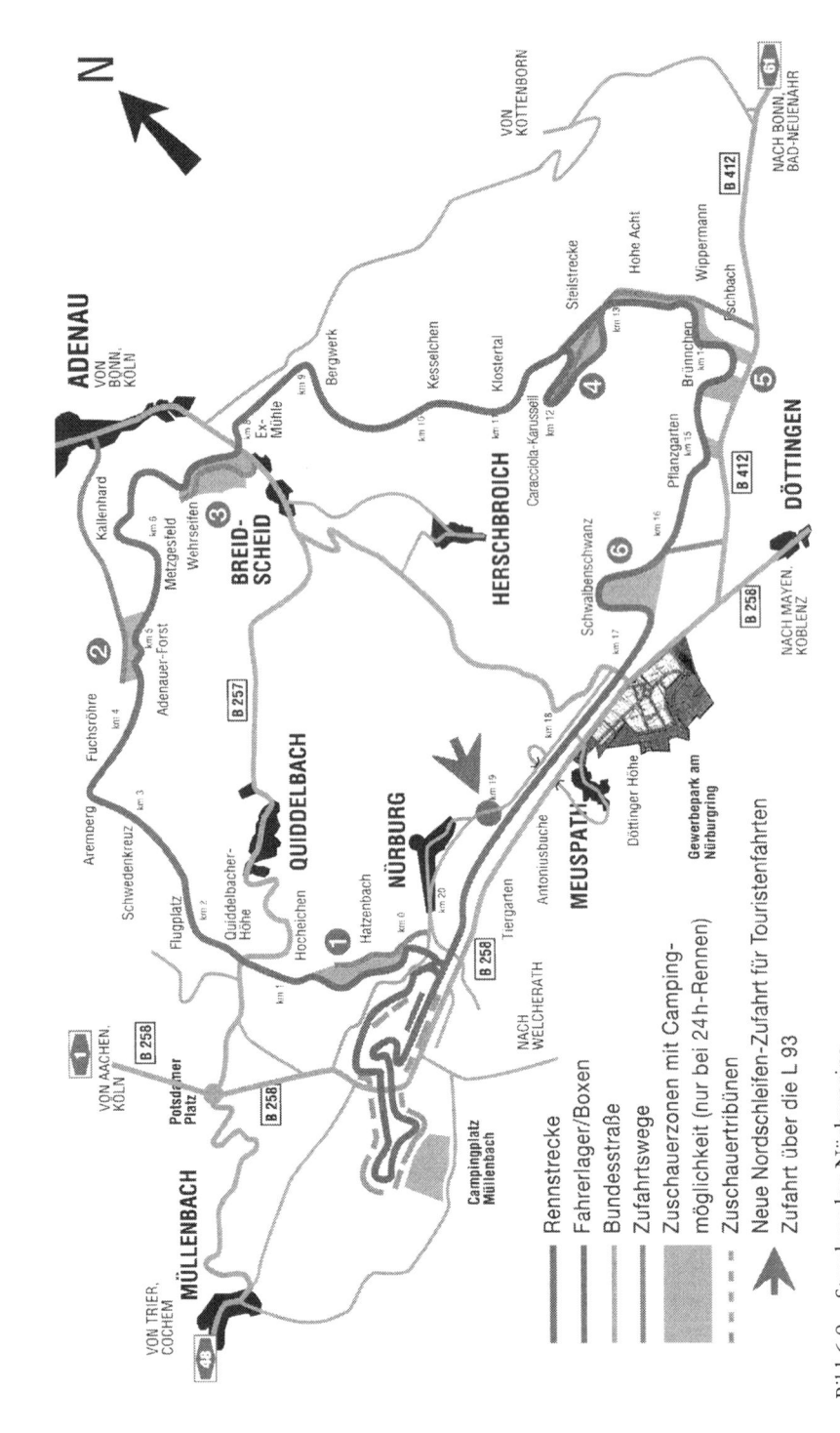

Bild 6.9 Streckenplan Nürburgring

Bild 6.10   Autobahn

Straßenverkehr durchzuführen. Auch wenn sich die Fahrzeugbeurteilungen dabei oft schwierig gestalten, ist es unerlässlich, die Regeln der StVO einzuhalten und eine Gefährdung anderer Verkehrsteilnehmer auszuschließen.

Einige typische Bewertungsstrecken zur Beurteilung vornehmlich der Fahrdynamik lassen sich wie folgt charakterisieren:

❑ mehrspurige Autobahnen (Bild 6.10) ohne Tempolimit mit möglichst geringem Verkehrsaufkommen, langen Geraden und langgezogenen Krümmungen zur Beurteilung im Hochgeschwindigkeitsbereich (Geradeausstabilität, Anlenk- und Spurwechselverhalten, Lenkungseigenschaften um die Mittellage, Nervosität bei Seitenwind bzw. Schleppwirbelbildung, Karosseriezittern, Bremsstabilität, Bremsrubbeln, Unwuchtempfindlichkeit usw.);

❑ kurvenreiche übersichtliche Landstraßen (Bild 6.11) mit unterschiedlichen Kurvenradien, ebenen Kurven mit Radien zwischen 40 und 500 m, Kurven mit sich verengender Krümmung («Hundekurven»), überhöhte oder nach außen hängende Kurven, Übergangsstrecken zwischen Geraden und Kurven sowie Kurven unterschiedlicher Radien und Kurvenübergänge (Lenkeigenschaften, Anlenken, Eigenlenkver-

Bild 6.11
Kurvige Landstraße

halten, Wank- und Nickverhalten, Zielgenauigkeit, Nachschwingen, Traktion, Karosserie-/Verwindungssteifigkeit usw.);
❑ Gefälle- und Steigungsstrecken (Bild 6.12; Bremsverhalten, Traktion).

Gut geeignete Strecken zur Beurteilung von Fahrkomfort, Federung und Schwingverhalten sind

❑ Landstraßen mit unterschiedlicher Welligkeit (Bild 6.13) vorzugsweise klein- und mittelwellige Anregung (Stuckern, Federungskomfort, Schluckvermögen, Anfedern, Stößigkeit, Raddämpfung, Lenkungsstößigkeit, Sitzisolation, Karosseriezittern usw.);
❑ Landstraßen mit großen Bodenwellen (Bild 6.14; Aufbaudämpfung, Federwege, Zusatzfedern, Verlenken).

Zur Bewertung insbesondere des Schwingverhaltens sind neben der Fahrzeuganregung in Querrichtung auch Fahrbahntrassierungen mit Vertikalanregung erforderlich, wie Bodenwellen und Absenkungen verschiedener Länge und Höhe. Besonders interessant sind dabei harmonische langwellige Fahrbahnanregungen, wie sie häufig durch Stelzenbauweise an langen Brückenzügen bei Passstraßen entstehen (z.B. Brenner-Autobahn bei Bozen).

Bild 6.12
Steigungshügel

Bild 6.13
Wellige Landstraße

Bild 6.14
Große Bodenwellen

6.1.2 Fahrbahnunebenheiten

Alle Komfortkriterien und ein Teil der Kriterien zum Anfahr-, Brems- und Kurvenverhalten sind auf unterschiedlich unebenen Fahrbahnen zu erfassen, wie z.B.

- Strecken mit Flickasphalt und Belagausbrüchen (Bild 6.15),
- Straßen mit Kanaldeckeln oder Querfugen (Bild 6.16),
- Kopfsteinpflaster (Bild 6.17) mit unterschiedlichen Steinformaten und Unebenheiten,
- gefräste Längsrillen (Bild 6.18),
- ausgefahrene Lkw-Spurrinnen (Bild 6.19),
- grober Rauasphalt,
- Fahrbahnen mit Betonplattenstößen, Fahrbahnfugen usw.

Bild 6.15 Flickasphalt

Bild 6.16   Querfuge

Bild 6.17   Kopfsteinpflaster

45

Bild 6.18 Gefräste Spurrillen

Bild 6.19 Lkw-Spurrinnen

6.1.3 Fahrbahngriffigkeit

Viele Bewertungen sind bei unterschiedlicher Griffigkeit durchzuführen (trockene Fahrbahn, nasse Fahrbahn, Schnee, Eis). Dies sind vor allem die Kriterien zum Anfahr-, Brems- und Kurvenverhalten. Dabei ist zu unterscheiden, ob die Fahrbahn einheitlich griffig ist oder unterschiedlich griffige Fahrbahnteile enthält. Derartige Fahrbahnen mit uneinheitlicher Griffigkeit werden als µ-split- (uneinheitliche Griffigkeit rechts/links) oder µ-jump- (Griffigkeitsunterschiede quer zur Fahrbahn) Strecken beschrieben. Sie werden in Testgeländen z.B. durch präparierte Asphalt-Eis-Bedingungen (Bild 6.20) oder einseitige Kunststoffteile erzeugt (Bild 6.21).

Bild 6.20
µ-split-Strecke

Bild 6.21
Niederreibwertfahrbahnen im Prüfgelände

6.2 Fahrzustand

Fahreigenschaften und Fahrkomfort variieren in einem weiten Bereich in Abhängigkeit von der Fahrgeschwindigkeit und den einwirkenden Horizontalbeschleunigungen. Eine Bewertung gilt daher immer nur für einen eingeschränkten Geschwindigkeits- und Beschleunigungsbereich. Bei einer umfassenden Bewertung werden diese Parameter des Bewegungszustandes variiert.

6.3 Umgebungs- und Bauteiltemperaturen

Zahlreiche Fahrwerkselemente weisen temperaturabhängige Steifigkeiten und Dämpfungen aus, so dass Bewertungen unter Berücksichtigung des Temperatureinflusses (Sommerfahrt, Winterfahrt, Fahrzeugkonditionierung) erfolgen müssen.

6.4 Beurteilungsfahrten

Beurteilungsfahrten werden wegen unterschiedlicher Aufgaben durchgeführt:
- umfassende Beurteilung aller Eigenschaften eines Fahrzeugs,
- Vergleichsfahrten mit mehreren Fahrzeugen zur Beurteilung von Allgemeineindrücken oder speziellen Disziplinen (z.B. Fahrkomfort),
- Bewerten einzelner Optimierungsschritte mit einem Versuchsfahrzeug (z.B. Abstimmung von Federung oder Dämpfung) oder Bauteil-Vergleiche (z.B. Reifenversuchsfahrten).

Insbesondere bei der Planung von Vergleichsfahrten sollten einige Empfehlungen beachtet werden:
- Nach spätestens zwei Stunden konzentrierter Beurteilungsfahrt ist eine Pause einzulegen; das Beurteilungsvermögen lässt naturgemäß nach, Unterschiede können nicht mehr bewertet werden und verschwimmen.
- Bei größeren Testflotten sollten Gruppen gleicher Fahrzeugklassen mit höchstens 6 Fahrzeugen gebildet werden; bei kurzen Vergleichsfahrten sind maximal 6 Bewertungsdisziplinen, bei längeren Fahrten höchstens 10 Kriterien abzufragen.
- Bei der Streckenwahl sind Rundkurse zu bevorzugen; die erste Fahrt sollte der Orientierung dienen, erst ab der zweiten Runde werden Bewertungen abgegeben.
- Besonders für Komfortbeurteilungen müssen sich die Fahrzeuge in gutem Allgemeinzustand befinden; Knister-/Klappergeräusche oder verschmutzte Innenausstattung wirken sich unbewusst negativ auf die Beurteilung aus.

7 Fahrverhaltensbeurteilung

In diesem Kapitel werden die im Bewertungsblatt (Bild 3.1) aufgeführten Kriterien der Fahrverhaltensbeurteilung definiert. Für jedes Kriterium werden unter den Stichworten «Fahrbahn» und «Fahrmanöver» Vorschläge für die gebräuchlichsten Testbedingungen gegeben. Für spezielle Fragestellungen lassen sich die Testbedingungen modifizieren oder erweitern.

In den «Entwicklungszielen» werden die für Pkw üblichen Vorgaben für den Entwicklungsprozess beschrieben. Für stärker spezialisierte Fahrzeuge wie z.B. Sportwagen, Family-Cars oder Geländewagen können die Zielvorgaben entsprechend dem gewünschten Fahrzeugcharakter abweichen.

Unter den «Einflussgrößen» werden die wichtigsten technischen Maßnahmen zusammengefasst, die in der Regel Auswirkungen auf das Fahrverhalten in der jeweiligen Testdisziplin haben. Die Einflussgrößen werden in der Reihenfolge ihrer Bedeutung aufgeführt.

7.1 Anfahrverhalten

Mit dem Begriff des Anfahrverhaltens werden alle fahrdynamischen Auswirkungen von Vortriebskräften auf das Fahrzeug in den drei Bewegungsrichtungen (längs, quer, hoch) sowie Rückwirkungen auf die Lenkung und der Regelaufwand zur Kurshaltung beschrieben [30].

7.1.1 Anfahrnicken

Beurteilt werden die während des Beschleunigungsvorgangs auftretenden Nickwinkel und deren zeitlicher Verlauf.

Fahrbahn: Ebene griffige Fahrbahn
Fahrmanöver: Beschleunigen aus dem Stand oder langsamer Fahrt mit unterschiedlichen Beschleunigungen
Entwicklungsziel: Nickwinkel und Nickgeschwindigkeit sollten möglichst gering sein.
Einflussgrößen: Konstruktiver Nickausgleich / Anfahrstützwinkel der Radaufhängung (Anti Squat)

Abstimmung von Dämpfung und Federung einschließlich Nebenfederraten
Zuganschlagfedern (Zusatzfedern beim Ausfedern)
Radstand

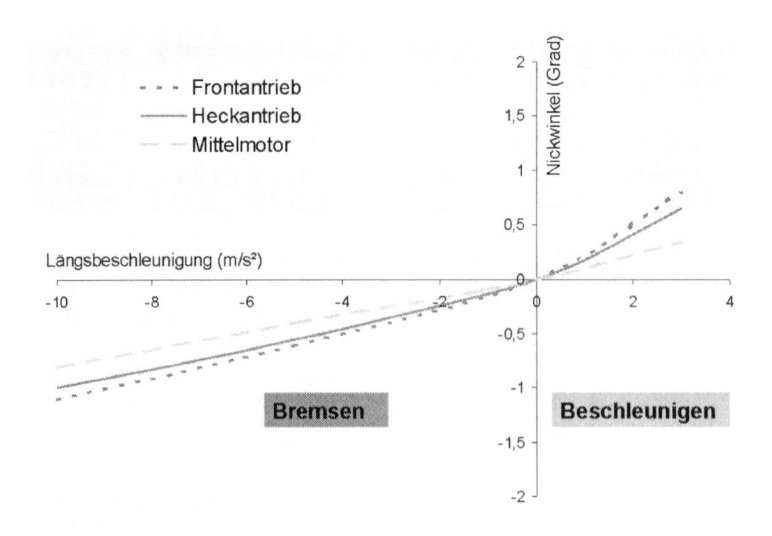

Bild 7.1 Nickwinkel als Funktion der Längsbeschleunigung

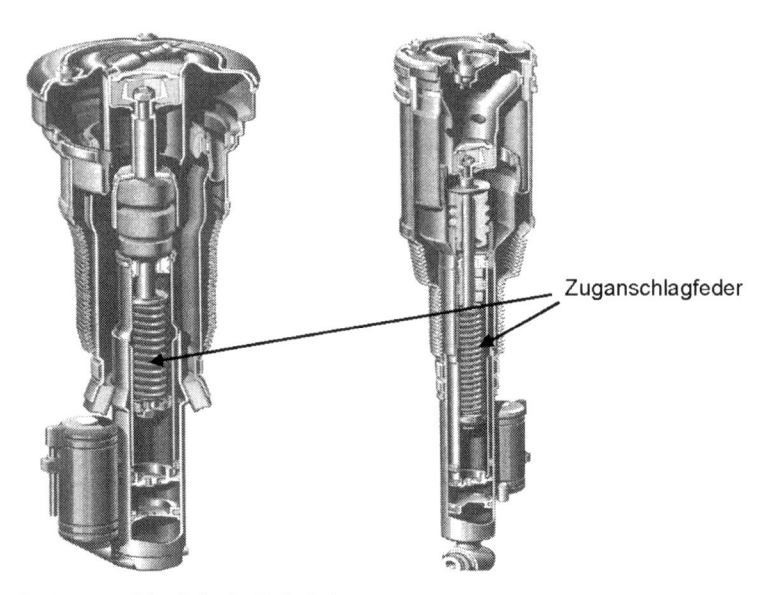

Bild 7.2 Zuganschlagfeder in Federbeinen

Bild 7.1 zeigt übliche Bereiche von Nickwinkeln beim Beschleunigen und Bremsen für Limousinen und Sportwagen; eine Zuganschlagfeder ist in Bild 7.2 zu sehen.

7.1.2 Anfahrpendeln (nur bei Frontantrieb)

Während der Beschleunigung kann der Aufbau durch Bodenunebenheiten, Griffigkeitsschwankungen oder Ungleichförmigkeiten in der Kraftübertragung (z.B. Antriebswellen) zu einer Pendelschwingung (kombinierte Wank-Gier-Bewegung) angeregt werden. Dadurch kann auch der Kursverlauf beeinflusst werden. U.U. wird die Pendelbewegung durch Lenkwinkel- oder Lenkmomentschwingungen angeregt oder verstärkt.

Fahrbahn: Ebene griffige Fahrbahn und Fahrbahn mit ausgeprägten Unebenheiten (Bild 7.3)
Fahrmanöver: Beschleunigen aus dem Stand oder langsamer Fahrt
Entwicklungsziel: Das Fahrzeug sollte beim Beschleunigen nicht pendeln.
Einflussgrößen: Wankkinematik der Vorderachse
Elastizitäten, Trägheitsmomente und Dämpfung im Lenkungsstrang
Reifeneigenschaften (Dimensionierung von Rad und Reifen, Kenngrößen wie z.B. Schräglaufsteife)

Bild 7.3 Fahrbahn mit Flickasphaltoberfläche

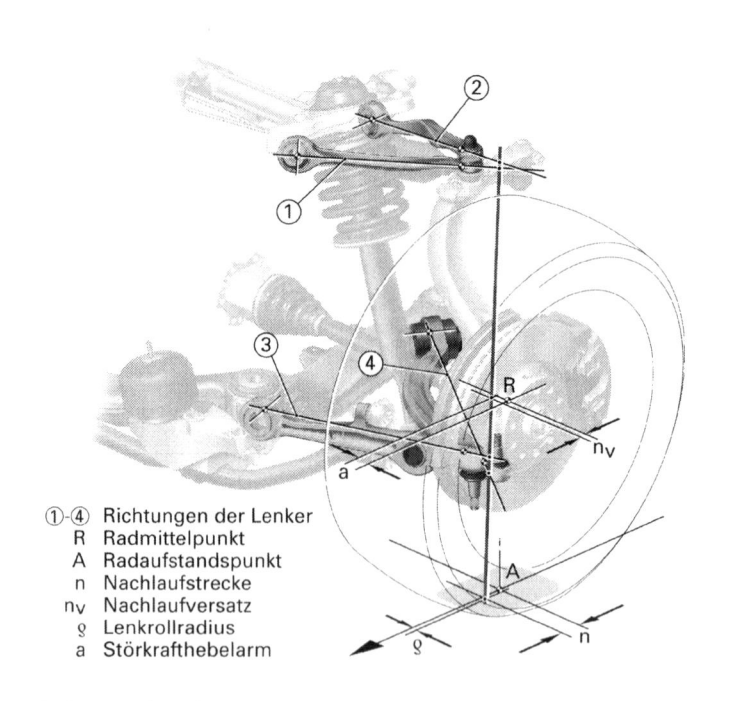

①-④ Richtungen der Lenker
R Radmittelpunkt
A Radaufstandspunkt
n Nachlaufstrecke
n_V Nachlaufversatz
ϱ Lenkrollradius
a Störkrafthebelarm

Bild 7.4   Vierlenker-Vorderachse

Anordnung und Längenunterschiede der Antriebswellen
Kinematik und Elastokinematik der Vorderachse unter Einfluss von Längskräften
Störkrafthebelarm (Bild 7.4)
Eingriffe von Antriebs-Schlupf-Regelsystemen

7.1.3   Anfahrschütteln

Durch Ungleichförmigkeiten und Elastizitäten in der Kraftübertragung zwischen Motor und angetriebenen Rädern können Schwingungen auftreten, die sich über Lenkrad oder Karosserie als Vibrationen oder Brummen bemerkbar machen.

Fahrbahn:	Ebene Fahrbahn mit unterschiedlichen Griffigkeiten (trockene Fahrbahn, Nässe, Schnee)
Fahrmanöver:	Hohe Beschleunigung aus dem Stand oder langsamer Fahrt
Entwicklungsziel:	Das Fahrzeug sollte beim Beschleunigen nicht schütteln.
Einflussgrößen:	Konstruktive Anordnung der Aggregatelagerungen (Bild 7.5)
	Elastizitäten und Dämpfung des Antriebsstranges (Motor- und Getriebelager, Drehelastizität der Kardan- und Gelenkwellen)
	Charakteristik der Gasbetätigung

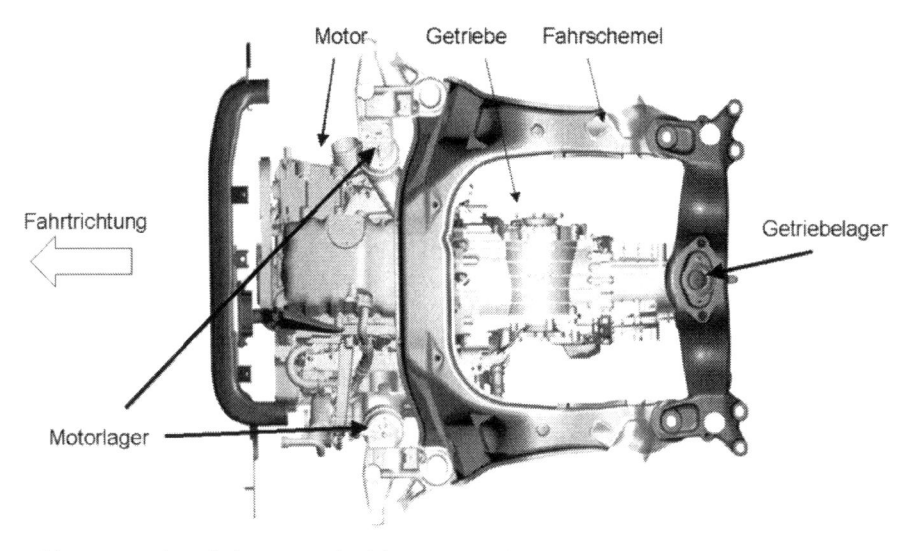

Bild 7.5 Triebwerkslagerung (Ansicht von unten)

Gleichlaufkinematik und Auswuchtungszustand der Kardan- und Gelenkwellen

7.1.4 Verlenken

Unter Einfluss hoher Antriebskräfte kann die Kurshaltung beeinträchtigt sein. Mit freigegebenem oder festgehaltenem Lenkrad läuft das Fahrzeug aus der Spur, so dass zur Kurshaltung Lenkkorrekturen erforderlich werden. Dabei können zusätzliche Lenkbewegungen auftreten, die wiederum auf die Kurshaltung rückwirken. Auf µ-split-Fahrbahnen ergeben sich bei Verwendung von Sperrdifferentialen unterschiedlich hohe Antriebskräfte, die meist Lenkwinkel und Giermomente verursachen. Bewertet werden das Ausmaß der Kursabweichung und die zur Kurshaltung erforderlichen Lenkradwinkel.

Fahrbahn: Ebene griffige Fahrbahn, unebene Fahrbahn, Fahrbahn mit uneinheitlicher Griffigkeit (µ-split)
Fahrmanöver: Hohe Beschleunigung aus dem Stand oder langsamer Fahrt
Entwicklungsziel: Die Kurshaltung sollte auf einheitlich griffigen Fahrbahnen nicht durch Traktionskräfte beeinflusst werden. Auf µ-split-Fahrbahnen sollte die Kursabweichung gering und gut beherrschbar für den Normalfahrer sein.
Einflussgrößen: Kinematik und Elastokinematik der angetriebenen Achsen
                     Wankkinematik von Vorder- und Hinterachse
                     Störkrafthebelarm (siehe Bild 7.4)

Sperrcharakteristik der Achsdifferentiale
Eingriffe von Antriebs-Schlupf-Regelsystemen [20]
Reifeneigenschaften (Dimensionierung von Rad und Reifen, Kenngrößen der Kraftübertragung)

7.1.5 Schiefziehen unter Antriebseinfluss (Torque Steer)

Durch Unsymmetrien im Antriebsstrang kann unter Einfluss der Antriebskräfte ein Lenk- oder Gierwinkel auftreten, so dass das Fahrzeug nach rechts oder links verzieht. Die Unsymmetrien können durch ungleich lange Gelenkwellen, unterschiedlichen Nachlauf und Spreizung an beiden Vorderrädern oder Konizitätsfehler der Reifen verursacht werden.

Fahrbahn: Ebene griffige Fahrbahn, unebene Fahrbahn, Fahrbahn mit uneinheitlicher Griffigkeit
Fahrmanöver: Hohe Beschleunigung aus dem Stand oder langsamer Fahrt
Entwicklungsziel: Die Kurshaltung sollte nicht durch Traktionskräfte beeinflusst werden.
Einflussgrößen: Längenunterschiede bei den Antriebswellen
Torsionssteifigkeit der Antriebswellen
Elastizitäten im Lenkungsstrang
Gleichförmigkeit der Reifen, z.B. Konizität
Sperrcharakteristik der Achsdifferentiale

7.1.6 Lenkungsklemmen (nur Frontantrieb)

Unter Einfluss der Traktionskräfte können sich die Betätigungskräfte der Lenkung ändern. Eine wesentliche Ursache dafür ist eine erhöhte Reibung in der Lenkung, so dass Selbstzentrierung und Mittellagengefühl verloren gehen.

Fahrbahn: Ebene griffige Fahrbahn
Fahrmanöver: Hohe Beschleunigung aus dem Stand oder langsamer Fahrt. Gleichzeitig werden kleine Lenkbewegungen um die Mittellage ausgeführt.
Entwicklungsziel: Die Lenkung sollte auch unter Einfluss der Traktionskräfte leicht und reibungsfrei arbeiten.
Einflussgrößen: Konstruktive Ausführung und Bauart des Lenkgetriebes (z.B. bei Zahnstangenlenkung: Führung und Verzahnungsgeometrie der Zahnstange)
Konstruktive Anordnung der Spurstangen (Pfeilung)
Reibung im Lenkgetriebe/Lenkungsstrang
Reibung in der Radführung (Kugelgelenke)
Störkrafthebelarm (Bild 7.4)
Nachlaufstrecke/-winkel

7.1.7 Traktion

Bewertet wird die durch die Kraftübertragung an den angetriebenen Rädern vorgegebene Traktionsgrenze.

Fahrbahn: Ebene Fahrbahn mit einheitlicher oder wechselnder Griffigkeit wie z.B. trockener Asphalt (µ-high), nasser Asphalt, vereiste oder verschneite Fahrbahn (µ-low), teilweise freigeräumte Fahrbahn, z.B. durch präparierte Asphalt-Eis-Bedingungen oder einseitige Kunststofffolie (µ-split, Bild 7.6), Steigungshügel mit verschiedenen Rampenwinkeln (Bild 7.7) und wechselnder Griffigkeit
Fahrmanöver: Beschleunigen aus dem Stand oder langsamer Fahrt
Entwicklungsziel: Traktion und Beschleunigungsvermögen sollten möglichst hoch sein.
Einflussgrößen: Antriebskonzept
Achslastverteilung
Sperrcharakteristik der Achsdifferentiale
Eingriffe von Antriebs-Schlupf-Regelsystemen
Motorcharakteristik (Drehmoment-, Leistungsverlauf)

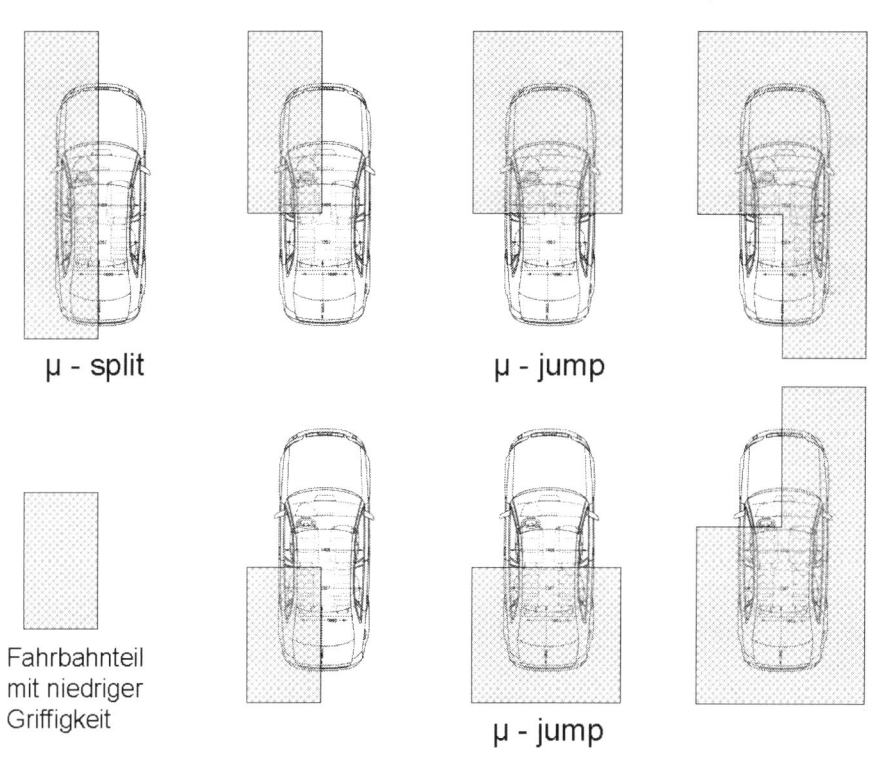

µ - split   µ - jump

Fahrbahnteil mit niedriger Griffigkeit

µ - jump

Bild 7.6 Unterschiedliche Reibverhältnisse

Bild 7.7
Steigungshügel

Charakteristik von Gas- und Kupplungsbetätigung bzw. Wandlercharakteristik bei Getriebeautomaten
Reifeneigenschaften (Dimensionierung von Rad und Reifen, Kenngrößen wie z.B. Längsschlupfkennfeld)
Abstimmung von Federung und Dämpfung

7.1.8 Regelverhalten mit automatischen Systemen zur Traktionskontrolle

Unter dem Begriff ATC (Automatic Traction Control) sind alle Systeme zusammengefasst, die durch eine meist elektronisch arbeitende Regelung das Durchdrehen der angetriebenen Räder verhindern und so die Traktion erhöhen und/oder den Radschlupf in der Weise begrenzen, dass eine hinreichende Querführung an den angetriebenen Rädern gewährleistet ist.

Systeme zur Traktionsverbesserung sind z.B.:

❏ Systeme zur Reduzierung der Motorleistung durch Drosselklappeneingriff, Einspritzausblendung, Zündverstellung oder E-Gas (Pedalwertgeber und elektrisch betätigte Drosselklappe),
❏ Differentialsperren oder -kupplungen mit hydraulischer, elektrohydraulischer oder elektromagnetischer Betätigung,

❑ Systeme, die durch Bremseneingriff durchdrehende Räder abbremsen und so die Zugkraft an den nicht durchdrehenden Rädern erhöhen.

Die Regeleingriffe können an einer Achse oder bei Allradantrieb an allen Rädern wirksam werden.
Beurteilt wird das Regelverhalten nach Eingriffschwellen, Auswirkungen auf das Beschleunigungsvermögen und der zur Kurshaltung erforderlichen Lenkarbeit.

Fahrbahn: Fahrbahn mit einheitlicher oder wechselnder Griffigkeit wie z.B. trockener Asphalt (µ-high), nasser Asphalt, vereiste oder verschneite Fahrbahn (µ-low), teilweise freigeräumte Fahrbahn, ebene gerade und kurvenreiche Verläufe sowie unterschiedliche Steigungsstrecken, Steigungsstrecke mit unterschiedlicher Griffigkeit (Bild 7.8)

Fahrmanöver: Beschleunigen aus dem Stand bzw. aus verschiedenen konstanten Fahrgeschwindigkeiten (u.a. simulierte Überholmanöver)

Entwicklungsziel: Die Regeleingriffe sollen weich erfolgen; auch bei Fahrbahnoberflächen mit geringen Reibwerten soll die Regelung den Motor nicht abwürgen und ein Beschleunigen ermöglichen. Die eventuell erforderliche Lenkarbeit zur Kurshaltung sollte gering bleiben.

Einflussgrößen: Charakteristik der eingesetzten Regler, Stellelemente und Sensoren
Motorcharakteristik (Drehmoment-, Leistungsverlauf)
Getriebeübersetzung, Kennungswandler
Achslastverteilung

Bild 7.8
Steigungsstrecke mit µ-split

7.1.9 Rückwirkung im Fahrpedal bei automatischen Systemen zur Traktionskontrolle

Beim Beschleunigen mit Systemen, die beim Beschleunigen die Motorleistung begrenzen oder durch einseitiges Bremsen ein Durchdrehen der angetriebenen Räder verhindern, kann die Rückstellkraft im Fahrpedal durch den Systemeingriff variieren.

Fahrbahn: Ebene Fahrbahn mit einheitlicher oder wechselnder Griffigkeit wie z.B. trockener Asphalt (µ-high), nasser Asphalt, vereiste oder verschneite Fahrbahn (µ-low), teilweise freigeräumte Fahrbahn, z.B. durch präparierte Asphalt-Eis-Bedingungen oder einseitige Kunststofffolie (µ-split, siehe Bild 7.6)
Fahrmanöver: Beschleunigen aus dem Stand oder langsamer Fahrt
Entwicklungsziel: Rückwirkungen im Fahrpedal während eines Regelvorgangs können als Information für den Fahrer über ungenügende Fahrbahngriffigkeit genutzt werden. Diese Rückwirkungen sollten sich jedoch nicht als komfortmindernd auswirken. In aktuell ausgeführten Systemen wird dieser Effekt nicht mehr genutzt; stattdessen werden die Regeleingriffe über eine optische Anzeige gemeldet.
Einflussgrößen: Charakteristik der eingesetzten Regler, Stellelemente und Sensoren

7.2 Bremsverhalten

Der Begriff des Bremsverhaltens umfasst die Beurteilung der Bremsanlage, deren Betätigungscharakteristik, die fahrdynamischen Auswirkungen von Verzögerungskräften auf die Fahrzeugbewegung und den Regelaufwand zur Kurshaltung.

7.2.1 Bremsverzögerung

Bewertet wird die maximal erreichbare Verzögerung. Die Bewertung wird in der Regel durch eine Messung unterstützt.

Fahrbahn: Ebene Fahrbahn mit einheitlicher oder wechselnder Griffigkeit wie z.B. trockener Asphalt (µ-high), nasse (Bild 7.9), vereiste oder verschneite Fahrbahn (µ-low), teilweise freigeräumte Fahrbahn, z.B. durch präparierte Asphalt-Eis-Bedingungen oder einseitige Kunststofffolie (µ-split); Wechsel von Asphalt auf Eis und umgekehrt (µ-Sprung, siehe Bild 7.6)
Fahrmanöver: Vollbremsung aus unterschiedlichen Geschwindigkeiten ohne Blockieren der Räder bei Fahrzeugen ohne Antiblockiersystem bei

Bild 7.9
Nassbremsstrecke

	Fahrzeugen mit Antiblockiersystem: Vollbremsung im Regelbereich mit maximaler Pedalkraft
Entwicklungsziel:	Anzustreben ist bei bestmöglicher Stabilität ein kürzestmöglicher Bremsweg. Bei Fahrzeugen ohne Antiblockiersystem sollte die Blockiergrenze bei jeder Fahrbahngriffigkeit zuerst an der Vorderachse erreicht werden.
Einflussgrößen:	Achslastverteilung
	Dynamische Achslastverlagerung
	Bremskraftverteilung
	Bremskraftregler und deren Charakteristik
	Bremsendimensionierung
	Materialauswahl von Bremsbelägen, Bremsscheiben, Bremstrommeln
	Reifeneigenschaften (Dimensionierung von Rad und Reifen, Kenngrößen wie z.B. Längsschlupfkennfeld
	Abstimmung von elektronischen Fahrstabilitätsregelsystemen (z.B. ABS, ESP, Bild 7.13)

7.2.2 Standfestigkeit

Bewertet werden Veränderungen, die sich im Bremsvermögen und im Pedalgefühl im Verlauf von Folgebremsungen ergeben (Bremsfading).

Fahrbahn:	Ebene griffige Fahrbahn oder Gefällestrecken
Fahrmanöver:	Vollbremsung aus unterschiedlichen Geschwindigkeiten ohne Blockieren der Räder bzw. ABS-Regelbremsung bis zum Stillstand. Der Bremsvorgang wird mehrfach wiederholt (Folgestopp-Bremsung). Die Tests werden sowohl auf ebenen Strecken mit einem vorgegebenen Geschwindigkeitsprofil oder auf Rennstrecken bzw. Passabfahrten bei forcierter Fahrweise durchgeführt. Für den Ablauf der

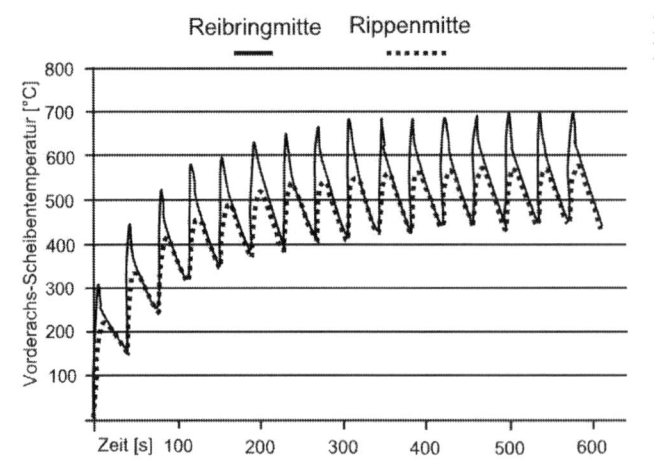

Bild 7.10
Folgestoppbrems-Schrieb

Bild 7.11
Bremsenkühlung

Bremsvorgänge auf ebenen Strecken werden verschiedene Programme angewandt. Bei jedem dieser Programme wird das Fahrzeug nach dem Stillstand voll bis zur Ausgangsgeschwindigkeit der nächsten Bremsung beschleunigt. Die Versuche werden mit unterschiedlichem Beladungszustand durchgeführt. Zur besseren Interpretation der Versuchsergebnisse werden häufig Bremsscheibentemperatur und Verzögerung gemessen. Bild 7.10 zeigt den Anstieg der Bremsscheibentemperatur bei einer Folgestopp-Bremsung.

Entwicklungsziel: Bremsvermögen, Pedalweg und -gefühl der ersten Bremsung sollten möglichst unverändert erhalten bleiben.

Einflussgrößen: Dimensionierung der Bremsanlage
Maßnahmen zur Wärmeabfuhr (Kühlkanäle, Raddesign, Bild 7.11)
Temperaturverhalten der Bremsbeläge

Temperaturverhalten der Bremsflüssigkeit
Kinematische Auslegung der Bremsbetätigung

7.2.3 Geradeauslauf

Bewertet werden die ohne Lenkkorrekturen während einer Bremsung auftretenden Kursabweichungen oder die zur Kurshaltung notwendigen Lenkkorrekturen.

Fahrbahn: Ebene Fahrbahn mit einheitlicher oder wechselnder Griffigkeit, beispielsweise trockener Asphalt (µ-high), nasser Asphalt, vereiste oder verschneite Fahrbahn (µ-low), teilweise freigeräumte Fahrbahn, z.B. durch präparierte Asphalt-Eis-Bedingungen oder einseitige Kunststofffolie (µ-split)

Fahrmanöver: Geradeausbremsung aus hoher Geschwindigkeit ohne Blockieren der Räder bei unterschiedlicher Verzögerung

Entwicklungsziel: Kursabweichungen bzw. Lenkkorrekturen sollten so gering wie möglich sein. Falls Kursabweichungen auftreten, sollten Giergeschwindigkeit und Gierbeschleunigung niedrig sein.

Einflussgrößen: Kinematik und Elastokinematik von Vorder- und Hinterachse besonders unter Einfluss von Längskräften (Bild 7.12)
Wankkinematik
Lenkrollradius (Bild 7.4)
Bremskraftverteilung
Bremskreisaufteilung (Vorder-/Hinterachse oder diagonal)

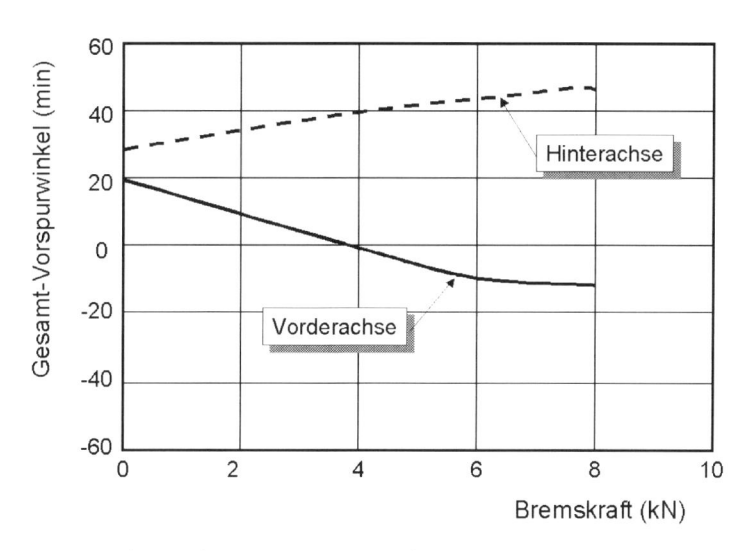

Bild 7.12 Veränderung der Vorspur unter Einfluss von Bremskräften

Lenkungscharakteristik
Reifeneigenschaften (Dimensionierung von Rad und Reifen, Kenngrößen wie z.B. Schräglaufsteife)

7.2.4 Kurvenlauf (siehe auch Abschnitt 7.4.10)

Bei Bremsmanövern in unterschiedlichen Phasen einer Kurvenfahrt (Einfahrt, Ausfahrt, Wechselkurven) werden die Kursstabilität, der Aufbau von Gierreaktionen bezüglich Gierwinkel, Giergeschwindigkeit und Gierbeschleunigung sowie die etwa erforderliche Lenkarbeit zur Korrektur von Kursabweichungen bewertet [31].

Fahrbahn: Handlingstrecke, Rutschplatte (Skid-Pad), langgezogene Autobahnkurven und Autobahnausfahrten; die Handlingstrecke sollte eine ebene, gleichmäßig griffige Fahrbahnoberfläche und Kurven mit unterschiedlichen Radien aufweisen.

Fahrmanöver: Bremsen in der Kurve mit unterschiedlichen Ausgangsgeschwindigkeiten bis zur maximalen Geschwindigkeit. Die Versuche werden mit unterschiedlichen Bremsdrücken und Betätigungsgeschwindigkeiten bis an die Blockiergrenze durchgeführt. Bei Fahrzeugen mit Bremsregelsystemen sind Bremsmanöver im Regelbereich und unterhalb der Regeleingriffschwelle durchzuführen.

Entwicklungsziel: Die durch die Bremsung verursachten Kursabweichungen sollten in der Tendenz und im Ausmaß die Fahrerhandlung während des Lenk-Brems-Manövers unterstützen. Dies kann durch ein leichtes Eindrehen in die Kurve bei mittleren Verzögerungen erreicht werden. Dadurch kann ein Fahrzeug in schnell gefahrenen Kurven durch ein dosiertes Bremsen abgefangen werden. Die Eindrehtendenz sollte sich mit zunehmender Geschwindigkeit verringern.
Bei höheren Verzögerungen und zunehmendem Bremsdruck verändert sich das Lenk-Brems-Verhalten durch die Auslegung der Bremskraftverteilung oder die Wirkung von Bremskraftreglern in Richtung Untersteuern. Ohne ABS führt dies bei maximalem Bremsdruck zum Blockieren der Vorderachse, das Fahrzeug ist nicht mehr lenkbar.
Mit ABS bleibt die Lenkbarkeit bis zur Vollverzögerung erhalten. Während der ABS-Regelung sollte der Ausgangsradius ohne Kursabweichungen eingehalten werden.

Einflussgrößen: Kinematik und Elastokinematik von Vorder- und Hinterachse (Längs- und Seitenkraftlenken)
Bremskraftverteilung
Bremskraftregler und deren Charakteristik
Dynamische Achslastverlagerung

Ansprechverhalten der Bremsanlage
Lenkungscharakteristik
Lenkrollradius (Bild 7.4)
Auslegung der elektronischen Fahrwerkregelsysteme (ABS, ESP, semiaktive oder aktive Federungs- und Dämpfersysteme)
Reifeneigenschaften (Dimensionierung von Rad und Reifen, Kenngrößen wie z.B. Schräglaufsteife)

7.2.5 Lenkbarkeit

Bewertet wird, in welcher Weise das Fahrzeug während der Bremsung den Lenkbewegungen des Fahrers folgt. Mit ABS interessiert vor allem, ob das Fahrzeug im Regelbereich des ABS lenkbar bleibt und z.B. ein Abfangen des Fahrzeugs auf Eis während der Vollbremsung möglich ist [31].

Fahrbahn: Ebene Fahrbahn mit einheitlicher oder wechselnder Griffigkeit wie z.B. trockener Asphalt (µ-high), nasser Asphalt, vereiste oder verschneite Fahrbahn (µ-low), teilweise freigeräumte Fahrbahn, z.B. durch präparierte Asphalt-Eis-Bedingungen oder einseitige Kunststofffolie (µ-split)

Fahrmanöver: Geradeausbremsung aus unterschiedlichen Geschwindigkeiten mit verschiedenen Verzögerungen bis zur Vollbremsung, jedoch ohne Blockieren der Räder. Während des Bremsvorgangs werden Lenkmanöver eingeleitet (z.B. Ausweichen oder einfacher Fahrspurwechsel)

Entwicklungsziel: Das Fahrzeug sollte während der Bremsung in ähnlicher Weise wie ungebremst den Lenkbewegungen des Fahrers folgen.

Einflussgrößen: Kinematik und Elastokinematik von Vorder- und Hinterachse
Wankkinematik
Bremskraftverteilung
Charakteristik der Bremskraftregelung
Ansprechverhalten der Bremsanlage
Lenkungscharakteristik
Lenkrollradius (Bild 7.4)
Auslegung der elektronischen Fahrwerkregelsysteme (ABS, ESP, semiaktive oder aktive Federungs- und Dämpfersysteme)

7.2.6 Gierstabilität auf Fahrbahnen mit uneinheitlicher Griffigkeit

Bewertet werden die ohne Lenkkorrekturen während der Bremsung auftretenden Kursabweichungen und Giergeschwindigkeiten oder die zur Kurshaltung notwendigen Lenkkorrekturen.

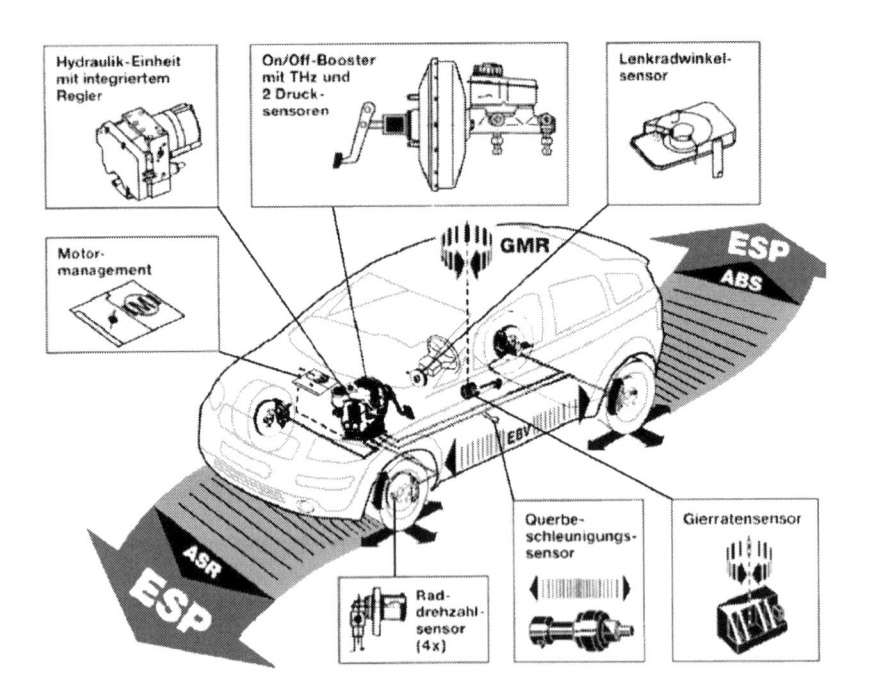

Bild 7.13   ESP – Funktionen und Komponenten

Fahrbahn:	Präparierte Fahrbahn mit einseitig niedriger Griffigkeit (µ-split) durch Schnee/Eis, Kunststofffolie, Glasbausteine oder Bitumenschlämme
Fahrmanöver:	Geradeausbremsung aus verschiedenen Geschwindigkeiten mit unterschiedlichen Verzögerungen
Entwicklungsziel:	Kursabweichungen und Giergeschwindigkeit sollten gering sein; auftretende Gierreaktionen dürfen nicht überraschen und sollten mühelos korrigierbar sein.
Einflussgrößen:	Kinematik und Elastokinematik besonders unter einseitigen Längskräften Lenkrollradius (Bild 7.4) Elastizitäten im Lenkungsstrang Massenträgheitsmoment des Fahrzeugs um die Hochachse Bremskraftverteilung Ansprechverhalten der Bremsanlage Auslegung der elektronischen Fahrwerkregelsysteme (ABS, ESP, Bild 7.13) Reifeneigenschaften (Dimensionierung von Rad und Reifen, Kenngrößen wie z.B. Schräglaufsteife)

7.2.7 Bremsnicken

Bewertet werden die während des Bremsvorgangs auftretenden Nickwinkel und deren zeitlicher Verlauf (siehe Bild 7.1).

Fahrbahn: Ebene griffige Fahrbahn
Fahrmanöver: Geradeausbremsen aus unterschiedlichen Geschwindigkeiten mit unterschiedlichen Verzögerungen
Entwicklungsziel: Nickwinkel und Nickgeschwindigkeit sollten möglichst gering sein.
Einflussgrößen: Konstruktiver Bremsnickausgleich (Anti-Dive)
Achslastverteilung
Schwerpunkthöhe
Dynamische Achslastverlagerung
Abstimmung von Federung, Dämpfung und Zusatzfedern
Bremskraftverteilung
Auslegung elektronischer Fahrwerkregelsysteme

7.2.8 Pedalkraftaufwand

Bewertet werden die Pedalkräfte im Bremspedal in Relation zur Verzögerung.

Fahrbahn: Ebene griffige Fahrbahn
Fahrmanöver: Geradeausbremsung mit unterschiedlicher Verzögerung
Entwicklungsziel: Die Pedalkräfte müssen dem Gesamtverhalten des Fahrzeugs angepasst sein. Zu geringe oder zu hohe Pedalkräfte erschweren die Dosierbarkeit der Bremswirkung. Die subjektive Beurteilung wird in der Regel durch eine Messung unterstützt.

Bild 7.14
Bremskraftverstärker-Kennung

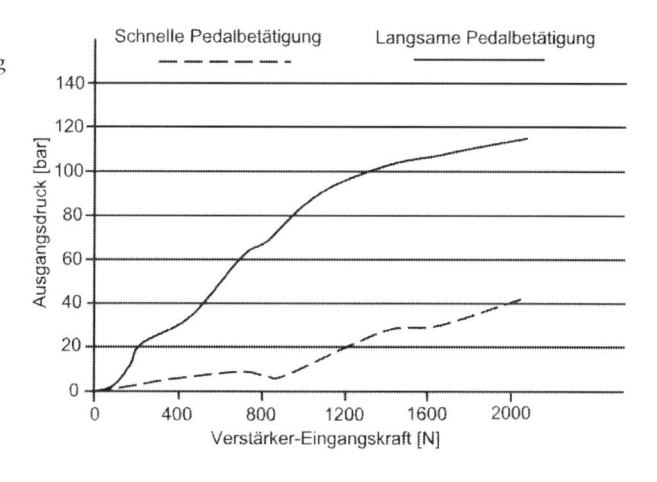

Einflussgrößen: Dimensionierung der Bremsanlage
Charakteristik des Bremskraftverstärkers (Bild 7.14)
Kinematik der Bremsbetätigung
Bremsbelag-Charakteristik einschließlich Temperaturverhalten

7.2.9 Pedalgefühl

Bewertet werden die Pedalkräfte und die Pedalwege bei unterschiedlichen Verzögerungen und unterschiedlicher Art der Bremsbetätigung (z.B. langsam oder schnell) [32].

Fahrbahn: Ebene griffige Fahrbahn, nasse Fahrbahn, auch Schnee/Eis
Fahrmanöver: Geradeausbremsung mit verschiedenen Geschwindigkeiten und unterschiedlichen Verzögerungen
Entwicklungsziel: Die eindeutige Zuordnung des Kraft-Weg-Verlaufs am Bremspedal zur Bremsverzögerung erlaubt dem Fahrer, für die beabsichtigte Verzögerung eine angemessene Pedalkraft vorzugeben. Prinzipiell wird ein Pedalgefühl mit einem genau definierten, gut wahrnehmbaren Druckpunkt und einem kurzen Pedalweg ohne Leerweg als vorteilhaft empfunden. Das Pedalkraftniveau kann bei einer sportlichen Abstimmung zugunsten eines kürzeren Pedalwegs angehoben werden.
Einflussgrößen: Bremsbelag-Charakteristik einschließlich Temperaturverhalten
Elastizitäten in der Bremsanlage und deren Betätigung
Charakteristik des Bremskraftverstärkers (Bild 7.14)
Kinematik der Bremsbetätigung
Regelverhalten des Bremsassistenten (Bild 7.15) [33; 34]

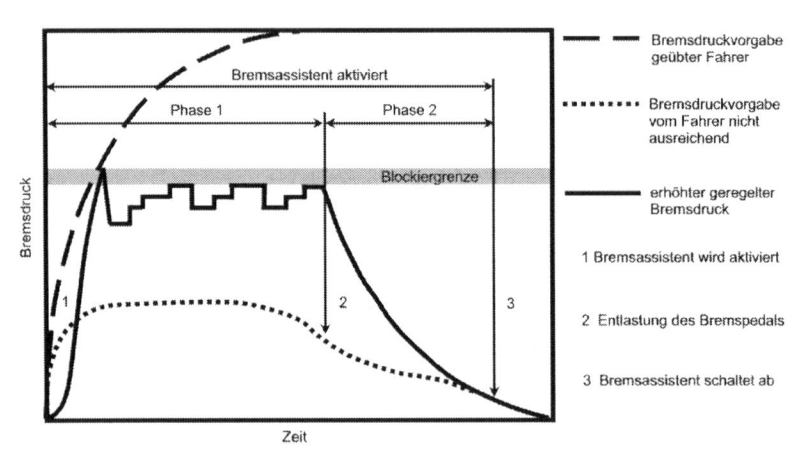

Bild 7.15 Bremsassistent

7.2.10 Pedalrückwirkung bei Bremsschlupfregelsystemen

Beim Bremsen mit Bremsschlupfregelsystemen kann der Fahrer durch ein pulsierendes Bremspedal über die Regeltätigkeit der Systeme informiert werden. Bewertet werden die Pedalkraftschwankungen und u.U. auftretende Vibrationen und Geräusche.

Fahrbahn: Ebene Fahrbahn mit einheitlicher oder wechselnder Griffigkeit wie z.B. trockener Asphalt (µ-high), nasser Asphalt, vereiste oder verschneite Fahrbahn (µ-low), teilweise freigeräumte Fahrbahn, z.B. durch präparierte Asphalt-Eis-Bedingungen oder einseitige Kunststofffolie (µ-split). Wechsel von Asphalt auf Eis und umgekehrt (µ-Sprung)

Fahrmanöver: Geradeausbremsung aus verschiedenen Geschwindigkeiten mit unterschiedlicher Verzögerung

Entwicklungsziel: Pedalrückwirkungen bei Regeltätigkeit von Bremsschlupfregelsystemen (EBV, ABS, ESP) können als Information für den Fahrer über ungenügende Fahrbahngriffigkeit genutzt werden. Diese Rückwirkungen sollten sich jedoch nicht als komfortmindernd auswirken.

Einflussgrößen: Charakteristik der eingesetzten Regler, Stellelemente und Sensoren
Aufhängung/Lagerung des Hydroaggregates
Elastizität/Dämpfung der Bremsbetätigung

7.2.11 Pedalmoving (ABS/ESP)

Beim Bremsen mit ABS/ESP kann das Bremspedal in Abhängigkeit von dem Wechsel in der Fahrbahngriffigkeit größere, im Vergleich zu den üblichen Regelschwingungen niederfrequente Stellungsänderungen ausführen. Bewertet werden das Ausmaß der Stellungsänderungen und ob die Pedalbewegungen für den Fahrer plausibel sind.

Fahrbahn: Ebene Fahrbahn mit einheitlicher oder wechselnder Griffigkeit wie z.B. trockener Asphalt (µ-high), nasser Asphalt, vereiste oder verschneite Fahrbahn (µ-low), teilweise freigeräumte Fahrbahn, z.B. durch präparierte Asphalt-Eis-Bedingungen oder einseitige Kunststofffolie (µ-split). Wechsel von Asphalt auf Eis und umgekehrt (µ-Sprung)

Fahrmanöver: Geradeausbremsung aus verschiedenen Geschwindigkeiten mit unterschiedlicher Verzögerung

Entwicklungsziel: Niederfrequente Pedalrückwirkungen bei Regelung des ABS/ESP werden meist als komfortmindernd beurteilt und sollten so gering wie möglich sein.

Einflussgrößen: Charakteristik der eingesetzten Regler, Stellelemente und Sensoren

7.2.12 Bremsenrubbeln

Während einer Bremsung können durch Ungleichförmigkeiten im Bremskraftverlauf (Bild 7.16) in bestimmten Geschwindigkeitsbereichen Schwingungen angeregt werden, die sich als Lenkraddreh- oder Vertikalschwingungen, Vibrationen in der Bodengruppe oder im Sitz äußern (Bild 7.17) [35 bis 37]. Die Schwingungen treten im Frequenzbereich von 10 bis 20 Hz auf. Bewertet wird, ob und in welcher Intensität entsprechende Schwingungen spürbar sind.

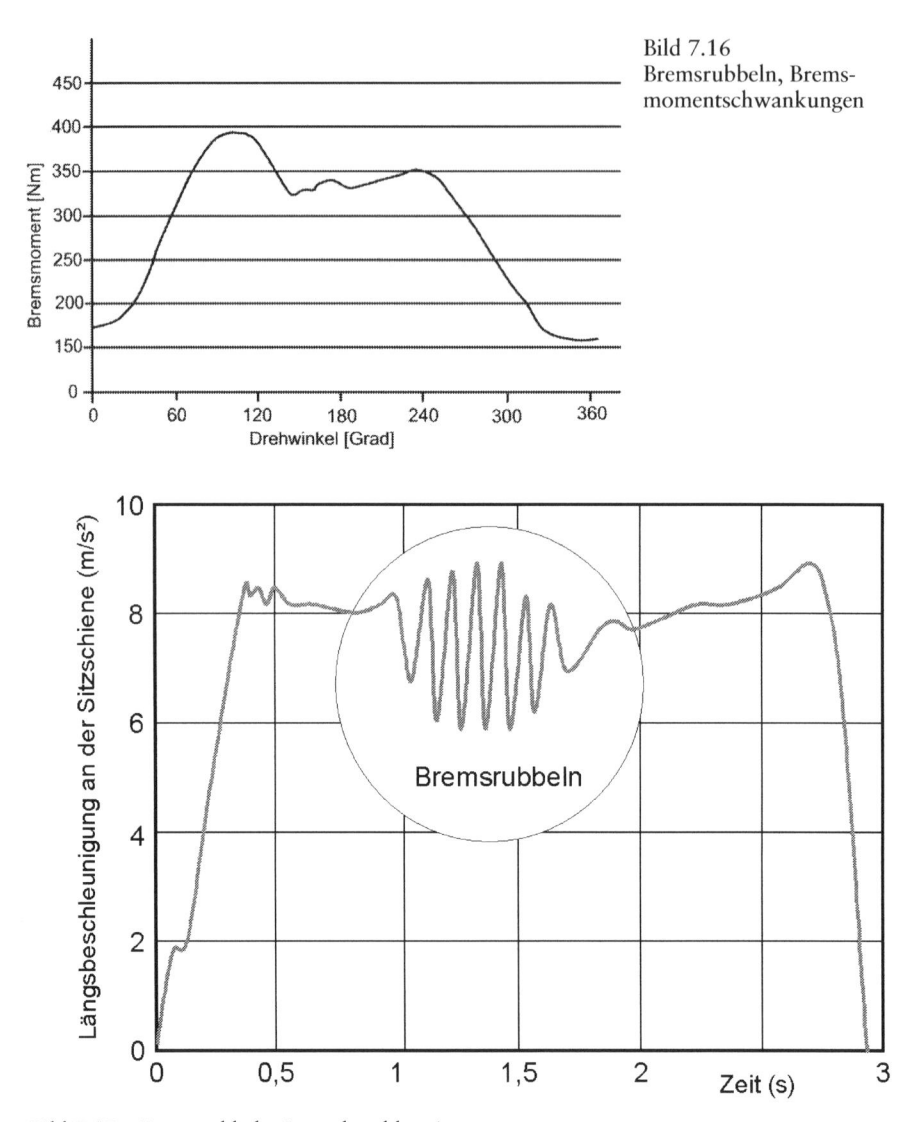

Bild 7.16 Bremsrubbeln, Bremsmomentschwankungen

Bild 7.17 Bremsrubbeln, Längsbeschleunigungen

Fahrbahn:	Ebene griffige Fahrbahn
Fahrmanöver:	Geradeausbremsung aus hoher Geschwindigkeit mit unterschiedlichen Bremsdrücken bzw. Verzögerungen. Meist verstärken sich die Rubbelerscheinungen in einem kritischen Geschwindigkeitsbereich. Die Versuche werden mehrmals mit einer Ausgangsgeschwindigkeit oberhalb der kritischen Geschwindigkeit wiederholt.
	Das Schwingverhalten der Bremsanlage ist in starkem Maß von der Temperatur der Bremsbauteile abhängig. Daher müssen die Versuche bei unterschiedlichen Bremstemperaturen durchgeführt werden. Gegebenenfalls ist die Bremsanlage durch ungebremste Fahrtanteile abzukühlen.
Entwicklungsziel:	Während der Bremsungen sollten keinerlei Schwingungen auftreten.
Einflussgrößen:	Geometrieabweichungen von Bremsscheiben, Bremstrommeln, Radnaben und deren Deformation unter Temperatureinfluss
	Bremsbelagauftrag auf Bremsscheiben, Bremstrommeln
	Elastizitäten in der Bremsanlage
	Dynamische Steifigkeiten und Dämpfungen der Radaufhängung und deren Lagerelemente
	Reifenunwucht/-ungleichförmigkeit
	Störkrafthebelarm (Bild 7.4)
	Elastizitäten, Trägheitsmomente und Dämpfung im Lenkungsstrang
	Anordnung der Spurstangen

7.2.13 Bremsgeräusche

Während der Bremsung können in bestimmten Geschwindigkeitsbereichen Geräusche mit unterschiedlichem Frequenzinhalt auftreten. Je nach Frequenzinhalt unterscheidet man

- Quietschen (2000…10 000 Hz),
- Buhen (500…1000 Hz),
- Brummen (40…100 Hz),
- Knarren (15…200 Hz).

Quietschen und Brummen können in allen Geschwindigkeitsbereichen durch Schwingungen von Bremse, Bremsscheibe oder Radaufhängungsbauteilen verursacht werden [38]. Buhen oder Knarren tritt meist nur bei niedrigen Geschwindigkeiten (Buhen) oder kurz vor Stillstand des Fahrzeugs auf (Knarren). Alle Geräusche werden in starkem Maß vom Bremsdruck, von Umwelteinflüssen (Nässe, Salz), der Bremstemperatur und dem Belagzustand (Verschleiß) beeinflusst.

Fahrbahn:	Ebene griffige Fahrbahn
Fahrmanöver:	Bremsen bei Geradeaus- und Kurvenfahrt aus verschiedenen Geschwindigkeiten mit unterschiedlicher Verzögerung
	Stop and Go bei niedrigen Bremsdrücken
Entwicklungsziel:	Während der Bremsung sollten innerhalb und außerhalb des Fahrzeugs keinerlei Bremsgeräusche wahrnehmbar sein.
Einflussgrößen:	Bremsbelageigenschaften einschließlich Temperaturverhalten
	Rückstellverhalten der Bremsbeläge
	Eigenfrequenzen und Eigenschwingungsformen von Bremsscheibe, Bremssattel, der Radaufhängung und deren Anbauteile
	Elastizitäten und Dämpfung der Bremsenbauteile
	Empfindlichkeit von Bremsscheiben/-trommeln/-belägen auf Umwelteinflüsse

7.2.14 Bremstrampeln (Stempeln)

Während der Bremsung können in bestimmten Geschwindigkeitsbereichen ausgeprägte Eigenschwingungen vorzugsweise der hinteren Radaufhängung auftreten. In ungünstigen Fällen kann es ähnlich einem Stick-Slip-Effekt zu periodischem kurzzeitigen Abheben des Rades und damit zur Unterbrechung des Reifenkraftschlusses führen.

Fahrbahn:	Ebene griffige Fahrbahn
Fahrmanöver:	Bremsen bei Gerade- und Kurvenfahrt aus hoher Geschwindigkeit mit größtmöglicher Verzögerung. Die Versuche werden auch mit geringstmöglicher Hinterachslast (nahezu leerem Tank) abgesichert.
Entwicklungsziel:	Bremsstempeln darf bei keinem Fahrmanöver auftreten.
Einflussgrößen:	Kinematik und Elastokinematik von Vorder- und Hinterachse
	Bremsnickausgleich
	Schrägfederung
	Bremskraftverteilung
	Regelfrequenzen bei ABS/ESP
	Raddämpfung
	Dynamische Achslastverteilung
	Konstruktive Federwege
	Verdrehsteifigkeit der Radaufhängung
	Reifeneigenschaften (Dimensionierung von Rad und Reifen, Kenngrößen wie z.B. Längsschlupfkennfeld)
	Abstimmung von elektronischen Fahrwerksregelsystemen

7.3 Lenkverhalten

Unter dem Begriff Lenkverhalten versteht man sowohl die fahrdynamischen Auswirkungen des Fahrzeugs nach Eingabe von Lenkaktionen als auch die Lenkungscharakteristik bezüglich Lenkgefühl, Rückmeldung und Lenkarbeit beim Fahren und Parkieren [39; 40].

Die Beurteilung der Einzelkriterien kann durch folgende Oberbegriffe zusammengefasst werden:

- ❑ Lenkverhalten bei Geradeausfahrt (Bild 7.18),
- ❑ Lenkkraftverhalten (Bild 7.19),
- ❑ Lenkschwingungen (Bild 7.20),
- ❑ Lenkverhalten bei Kurvenfahrt (Bild 7.21).

Begriff	Kursverlauf	Geschwindigkeitsbereich	Beurteilung
7.3.1 Anlenken		60 km/h bis V_{max}	- Aufbau der Fahrzeugbewegungen nach Anlenken - Überschwingen, Nachschwingen der Querbewegung und Gierdrehung
7.3.2 Ansprechverhalten		30 km/h bis V_{max}	- Reaktion des Fahrzeugs auf leichte Kurshaltungs-Lenkbewegungen - Aufbau der Gierreaktion als Folge kleiner Lenkwinkel und Lenkmomente
7.3.3 Grabeneffekt		80 km/h bis V_{max}	- Selbstzentrierung der Lenkung bei Geradeausfahrt - Harmonie des Übergangs von Geradeausfahrt in die Lenkphase
7.3.4 Mittengefühl (center point feeling)		120 km/h bis V_{max}	- Lenkradwinkel, Lenkmoment, und Gierreaktion beim Anlenken - Lenkungsrücklauf nach Lenkungsfreigabe

Bild 7.18 Lenkverhalten bei Geradeausfahrt

Begriff	Kurs- bzw. Lenkwinkelverlauf	Geschwindigkeitsbereich	Beurteilung
7.3.5.1 Lenkkraftniveau in Mittellage	 Kursverlauf	60 km/h bis V_{max}	- Lenk- und Haltekräfte in der Lenkung bei langsam gelenkten Fahrspurwechseln bei geringen Querbeschleunigungen
7.3.5.2 Lenkkraftniveau im Proportionalbereich	 Kursverlauf	30 km/h bis 140 km/h	- Lenk- und Haltekräfte in der Lenkung bei Kurvenfahrt bei mittleren bis hohen Querbeschleunigungen - Rückmeldung im Lenkkraftverlauf über Seitenführungsreserve
7.3.5.3 Lenkkraftniveau beim Parkieren	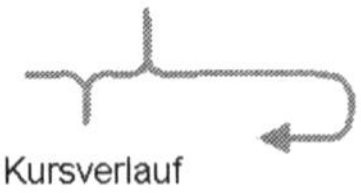 Kursverlauf	0 bis 10 km/h	- Lenk- und Haltekräfte in der Lenkung sowie Lenkrückstellung bei stehendem und langsam rollendem Fahrzeug
7.3.6 Lenkungsüberholen	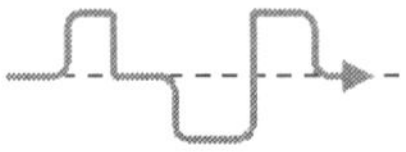 Lenkradwinkelverlauf	50 km/h bis 120 km/h	- Unstetigkeiten im Lenkradwinkel und Lenkmoment in der ersten Phase eines sprungartigen Anlenkens

Bild 7.19   Lenkkraftverhalten

Begriff	Kursverlauf	Geschwindigkeitsbereich	Beurteilung
7.3.7 Überschwingen bei Lenkungsrücklauf	 Freigabe des Lenkrades	20 km/h bis 60 km/h	- Rücklaufverhalten der Lenkung nach Amplitude und Dämpfung beim Übergang von einer Kurvenfahrt in die Geradeausfahrt
7.3.8 Nachschwingen des Fahrzeugs nach Richtungswechseln	Freigabe des Lenkrades 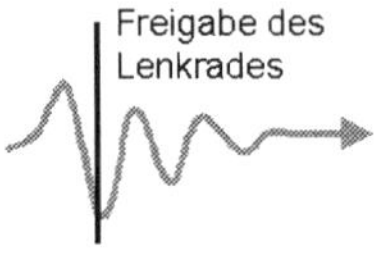	80 km/h bis V_{max}	- Gierverhalten des Fahrzeugs und Auspendeln auf einen stabilen Zustand nach heftigen Lenkbewegungen
7.3.9 Nachlenken nach einer Kurvenfahrt		80 km/h bis 140 km/h	- Nachlenkeffekte von Vorder- und Hinterachse sowie Lenkmomentschwankungen nach einer Kurvenfahrt

Bild 7.20   Lenkschwingungen

Begriff	Kursverlauf	Geschwindigkeitsbereich	Beurteilung
7.3.10 Zielgenauigkeit		100 km/h bis V_{max}	- Kursabweichungen und erforderliche Lenkkorrekturarbeit bei schneller Kurvenfahrt
7.3.11 Fahrbahnkontakt		80 km/h bis V_{max}	- Zusammenhang von Lenkwinkelbedarf, Lenkmoment und Momentenschwankungen in Abhängigkeit von Fahrgeschwindigkeit, Querbeschleunigung und Vortrieb
7.3.12 Handlichkeit		60 km/h bis V_{max}	- Zusammenspiel von Lenkcharakteristik, Gier-, Wank- und Vertikalschwingverhalten des Fahrzeugs unter Längs- und Seitenkräften
7.3.13 Lenkungsrücklauf - Parkieren - Kurvenfahrt	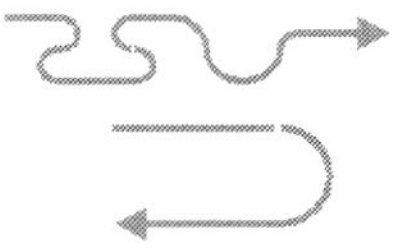	2 ... 10 km/h 50 ... 120 km/h	- Verlauf des Lenkradmomentes in Abhängigkeit von Lenkradwinkel, Fahrgeschwindigkeit und Querbeschleunigung beim Übergang von einer Kreisfahrt in die Geradeausfahrt

Bild 7.21   Lenkverhalten bei Kurvenfahrt

7.3.1   Anlenkverhalten (siehe Bild 7.18)

Die Fahrzeugreaktion auf die Lenkbewegung wird in Bezug auf Ansprechzeit, Aufbau der Fahrzeugbewegungen, Überschwingen und Nachschwingen von Querbewegung und Gierdrehung bewertet. Damit werden die unterschiedlichen Phasen der Reaktion auf die Lenkbewegung im Verlauf einer Fahrtrichtungsänderung (Einlenken in eine Kurve, Spurwechsel) beurteilt. In der ersten Phase nach dem Anlenken interessiert, wie sich Kursänderung, Gier- und Wankbewegung aufbauen und in den quasistationären Zustand übergehen.

Fahrbahn: Ebene gerade Fahrbahn mit homogener Fahrbahnoberfläche unterschiedlicher Beschaffenheit (trockene Fahrbahn, Nässe)

Fahrmanöver: Aus der Geradeausfahrt heraus wird das Fahrzeug schnell angelenkt. Je nach Geschwindigkeit variieren der Lenkwinkel und die Lenkgeschwindigkeit, um Anlenkvorgänge im Normalfahrbereich und Grenzbereich zu erzielen. Nach dem Anlenken wird das Fahrzeug durch Gegenlenken abgefangen.

Entwicklungsziel: Das Fahrzeug soll spontan und proportional auf eingebrachte Lenkbewegungen reagieren. Zeit- und Phasenverzug sind ebenso unerwünscht wie hektische Überreaktionen.

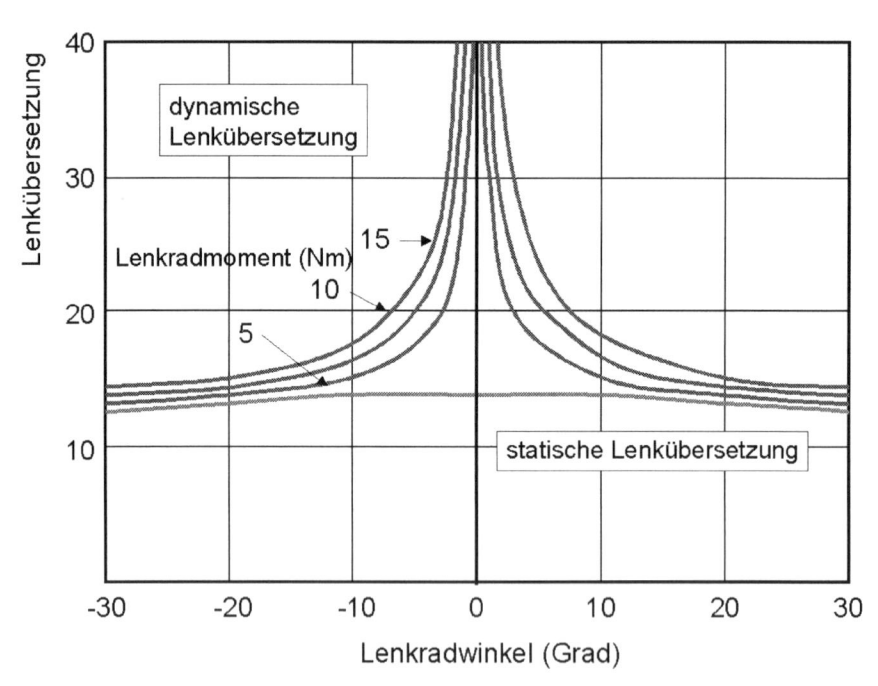

Bild 7.22 Lenkübersetzung

Einflussgrößen: Statische und dynamische Lenkübersetzung (Bild 7.22)
Lenkungskennfeld bei Servolenkungen
Wankabstützung (Federung, Stabilisierung, Dämpfung)
Wankkinematik von Vorder- und Hinterachse
Elastokinematik von Vorder- und Hinterachse (besonders unter Seitenkräften)
Achslastverteilung
Massenträgheitsmomente des Fahrzeugs
Aerodynamische Kennwerte (Auftrieb/Abtrieb an Vorder- und Hinterachse)
Reifeneigenschaften (Dimensionierung von Rad und Reifen, Kenngrößen wie z.B. Schräglaufsteife)

7.3.2 Ansprechverhalten (siehe Bild 7.18)

Aus der Geradeausfahrt heraus wird durch leichtes Anlenken beurteilt, ab welchen Lenkwinkeln und Lenkmomenten sich Gierreaktionen des Fahrzeugs einstellen. Im Gegensatz zu dem Lenkmanöver bei der Beurteilung des Anlenkverhaltens (Abschnitt 7.3.1) dienen die aufgebrachten Lenkbewegungen nicht zur Richtungsänderung, sondern zur

Kurshaltung, z.B. bei Ausregelung von Seitenwindstörungen oder fahrbahnbedingten Kursabweichungen (Längsrillen, Trassierungseinflüsse usw.).

Fahrbahn: Ebene gerade Fahrbahn mit homogener Oberfläche unterschiedlicher Beschaffenheit (trockene Fahrbahn, Nässe), Fahrbahnen mit Längsrillen und unterschiedlicher Trassierung

Fahrmanöver: Aus konstanter Geradeausfahrt wird das Fahrzeug etwa sinusförmig oder regellos angelenkt; ausgehend von sehr kleinen Lenkwinkeln wird die Amplitude allmählich gesteigert, bis sich eine deutliche Gierreaktion zeigt. Variiert wird die Fahrgeschwindigkeit.

Entwicklungsziel: Das Fahrzeug soll bereits auf kleine Lenkradwinkel reagieren; Lenkradwinkel und Lenkmoment sollten sich proportional verhalten. Es darf kein Eindruck von Spiel, Hysterese, Reibung, Elastizität oder Trägheit entstehen. Anzustreben ist zugunsten einer guten Geradeausstabilität, dass die erforderlichen Lenkwinkel mit zunehmender Geschwindigkeit progressiv ansteigen.

Einflussgrößen: Elastizitäten im Lenkungsstrang
Kinematik und Elastokinematik von Vorder- und Hinterachse (besonders unter geringen Seitenkräften)
Lenkungskennfeld bei Servolenkungen
Reibung im Lenksystem
Einstellung der Achsgeometrie
Reifeneigenschaften (Dimensionierung von Rad und Reifen, Kenngrößen wie z.B. Schräglaufsteife)

7.3.3 Grabeneffekt (nur bei Fahrzeugen mit Servolenkung)

Unter dem Begriff Grabeneffekt (siehe Bild 7.18) wird das Empfinden des Fahrers beschrieben, dass das Fahrzeug bei Geradeausfahrt wie in einem Graben geführt wird. Beurteilt wird, wie gut das Fahrzeug in der Mittellage gehalten wird und mit welchem Lenkgefühl aus dem «Graben» heraus gelenkt werden kann.

Fahrbahn: Ebene gerade Fahrbahn mit zwei Fahrspuren
Fahrmanöver: Konstantfahrt bei mittleren bis hohen Fahrgeschwindigkeiten (80 km/h bis v_{max}), zunächst geradeaus, dann leichtes Anlenken bzw. zügiger Fahrspurwechsel
Entwicklungsziel: Die Lenkcharakteristik soll so ausgelegt werden, dass sich eine deutlich spürbare Selbstzentrierung einstellt. Der Übergang aus dem Geradeauslauf in die Lenkphase sollte harmonisch verlaufen (Bild 7.23). Die Anlenkmomente sollen im oberen Fahrgeschwindigkeitsbereich hoch genug sein, um eine Unempfindlichkeit gegen

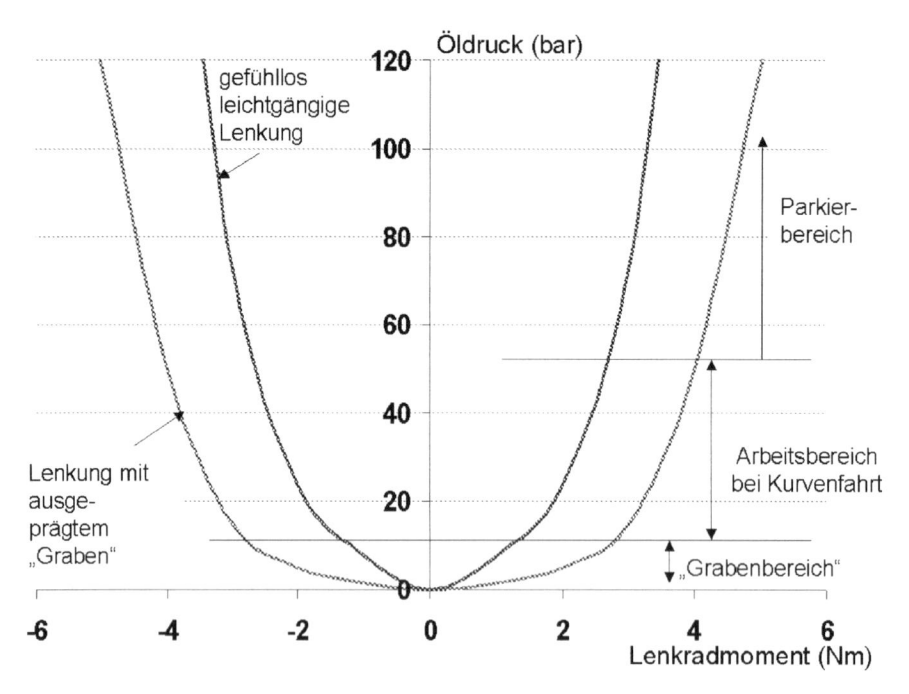

Bild 7.23   Lenkungskennfeld einer Servolenkung

Einflussgrößen: ungewollte Lenkbewegungen bzw. äußere Störeinflüsse wie Seitenwind zu erzielen.
Lenkungskennfeld (Bild 7.23)
Bauart Servolenkventil (Torsionssteifigkeit, Steuerwege, Steuerwinkel)
Auslegung der kinematischen Lenkrückstellung (Nachlauf, Spreizung)
Reifeneigenschaften (Dimensionierung von Rad und Reifen, Kenngrößen wie z.B. Schräglaufsteife)

7.3.4   Mittengefühl (Center point feeling)

Das Mittengefühl (siehe Bild 7.18) beschreibt die Geradeausstabilität und die Selbstzentrierung des Fahrzeugs im höheren Geschwindigkeitsbereich. Zur Beurteilung dieser Eigenschaft werden bei leichtem Anlenken Lenkradwinkel, Lenkmoment und Gierreaktion beobachtet. Nach dem Freigeben des Lenkrades wird beurteilt, ob ein vollständiger Rücklauf in Geradeausstellung erfolgt und ob zur Spurhaltung Lenkkorrekturen erforderlich sind.

Fahrbahn: Ebene gerade Fahrbahn

Fahrmanöver:	Bei Geradeausfahrt wird bei unterschiedlichen Fahrgeschwindigkeiten (ab 120 km/h bis v_{max}) die Lenkung minimal ausgelenkt, um kleinste Kursänderungen zu erzielen (je nach Fahrgeschwindigkeit zwischen 3 und 10 Grad Lenkradwinkel). Das Lenkrad wird nach dem Lenken zunächst zurückgeführt, in weiteren Manövern auch freigegeben.
Entwicklungsziel:	Die Gierreaktion des Fahrzeugs sollte beim Anlenken spiel- und hysteresefrei einsetzen. Die Rückstellmomente am Lenkrad sollen in allen Fahrgeschwindigkeitsbereichen groß genug sein, um Hysteresen in Radaufhängung und Lenkungsstrang sicher zu überwinden und eine exakte Mittenzentrierung zu gewährleisten.
Einflussgrößen:	Auslegung der kinematischen Lenkrückstellung (Nachlauf, Spreizung)
	Elastizitäten, Dämpfung und Reibung im Lenkungsstrang und in der Vorderradaufhängung
	Querelastizitäten an Vorder- und insbesondere Hinterachse
	Reifeneigenschaften (Dimensionierung von Rad und Reifen, Kenngrößen wie z.B. Schräglaufsteife)

7.3.5 Lenkkraftniveau (siehe Bild 7.19)

Die Eigenschaften der Lenkung (Lenkungscharakteristik, Lenkarbeit, Lenkgefühl usw.) werden üblicherweise durch Kennfelder mit mehreren Variablen beschrieben. Entsprechend schwierig und aufwendig gestaltet sich die subjektive Beurteilung der Lenkung. Eine Bewertung ist in der Regel nur durch Analyse und Kombination unterschiedlicher Betriebszustände möglich (Fahrgeschwindigkeit, Querbeschleunigung, Motordrehzahl, Lenkwinkel, Betriebstemperatur, Achslast/Beladung, Reifenbreite/Profiltiefe usw.). Je nach Fahrgeschwindigkeit, Kurvenradius und Querbeschleunigung wird das Lenkkraftniveau in der Mittellage, im Proportionalbereich und beim Parkieren beurteilt (Bild 7.24).

7.3.5.1 Lenkkraftniveau in Mittellage (siehe Bild 7.19)

Beurteilt werden Lenk- und Haltemomente bei geringen Querbeschleunigungen in Abhängigkeit von der Fahrgeschwindigkeit.

Fahrbahn:	Ebene, trockene, griffige und gerade Fahrbahn mit zwei Fahrspuren, unterschiedliche Oberflächen (trocken, nass)
Fahrmanöver:	Geradeausfahrt mit harmonischen Fahrspurwechseln unter niedriger Querbeschleunigung bei mittleren und hohen Fahrgeschwindigkeiten (60 km/h bis v_{max})
Entwicklungsziel:	Lenk- und Haltemomente sollen mit der Fahrgeschwindigkeit harmonisch ansteigen, um in allen Geschwindigkeitsbereichen das Ge-

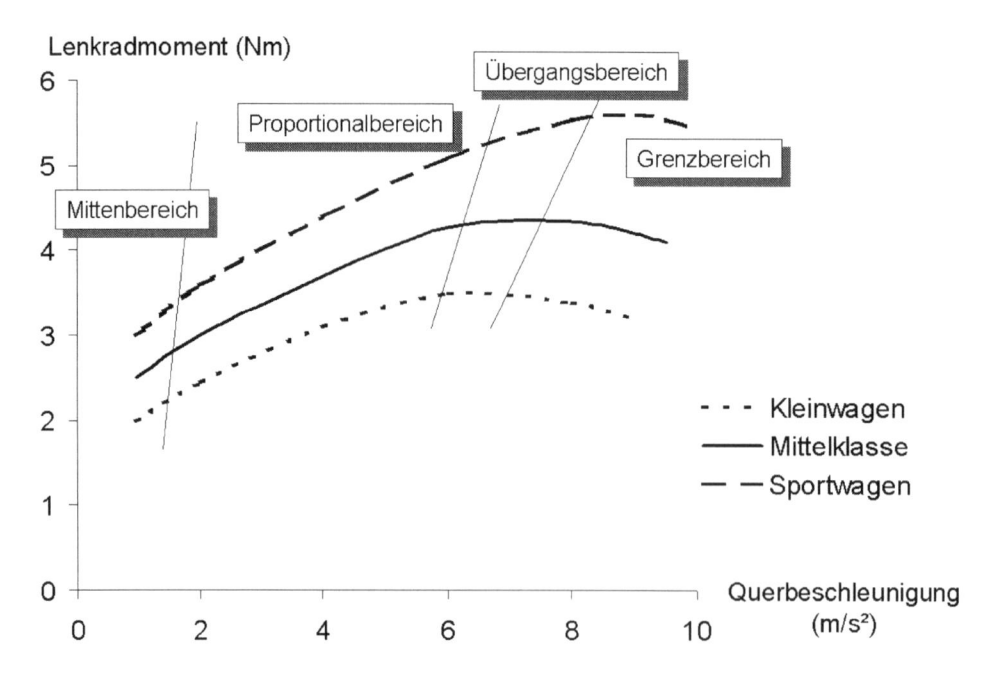

Bild 7.24 Abhängigkeit des Lenkradmoments von der Querbeschleunigung für verschiedene Fahrzeugklassen und Betriebszustände

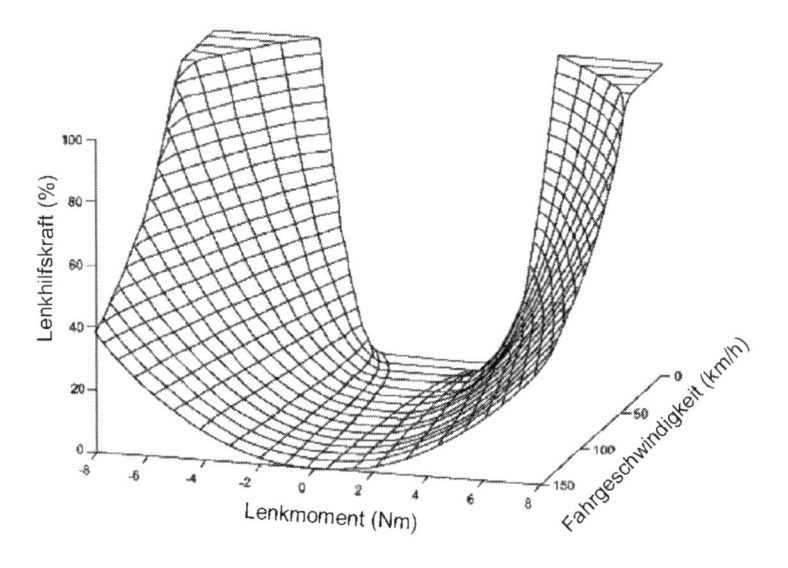

Bild 7.25 Lenkungskennfeld für eine geschwindigkeitsabhängige Servolenkung

fühl einer ausreichenden Zentrierung zu vermitteln. Die Lenkung sollte unempfindlich gegen äußere Störeinflüsse sein und dem Fahrer Rückschlüsse über die Fahrgeschwindigkeit ohne Beeinträchtigung des Lenkkomforts erlauben.

Einflussgrößen: Statische und dynamische Lenkübersetzung (Bild 7.22)
Kennfeld der Servolenkung (Bild 7.23)
Auslegung der Achsgeometrie
Reifeneigenschaften (Dimensionierung von Rad und Reifen, insbesondere Reifenbreite, Kenngrößen wie z.B. Schräglaufsteife, Verschleiß)
Achslastverteilung

7.3.5.2 Lenkkraftniveau im Proportionalbereich (siehe Bild 7.19)

Das Lenkkraftniveau im Proportionalbereich beschreibt das Lenkgefühl, die Lenkarbeit und die Harmonie der Lenkung bei Kurvenfahrt vorzugsweise im mittleren und oberen Bereich der Querbeschleunigung. Beurteilt werden Lenkradwinkel, Lenk- und Haltemomente in Abhängigkeit von Fahrgeschwindigkeit und Querbeschleunigung.

Fahrbahn: Ebene, trockene Fahrbahn mit Kurven unterschiedlicher Radien, z.B. Handlingkurs, unterschiedliche Oberflächen (trocken, nass)
Fahrmanöver: Die Strecken werden mit unterschiedlichen Geschwindigkeiten bis in die Nähe der Haftgrenze befahren.
Entwicklungsziel: Lenk- und Haltemomente sollen sich nicht wesentlich unterscheiden (geringe Hysterese) und mit Fahrgeschwindigkeit und Querbeschleunigung proportional ansteigen. Das Annähern an die Haftgrenze (Übergangs- bzw. Grenzbereich) sollte durch ein Abnehmen des Gradienten Lenkmoment/Querbeschleunigung erkennbar sein (Bild 7.24). Lenkkomfort und Handlichkeit sollen bei auftretenden Maximalwerten nicht beeinträchtigt sein. Die gesamte Momentencharakteristik soll dem Fahrer Rückmeldung über die erreichte Querbeschleunigung und Seitenführungsreserven liefern.
Einflussgrößen: Statische und dynamische Lenkübersetzung (Bild 7.22)
Kennfeld der Servolenkung
Auslegung der Achsgeometrie
Kinematik und Elastokinematik von Vorder- und Hinterachse
Reifeneigenschaften (Dimensionierung von Rad und Reifen, Kenngrößen wie z.B. Rückstellmoment)
Achslastverteilung
Dynamische Achslastverlagerung unter Längskräften

7.3.5.3 Lenkkraftniveau beim Parkieren (siehe Bild 7.19)

Bei verschiedenenartigen Parkiermanövern werden Lenkmomente und Lenkradwinkel beurteilt.

Fahrbahn: Ebene, trockene Fahrbahn mit hoher Griffigkeit

Fahrmanöver: Bei stehendem und langsam rollendem Fahrzeug wird bis zum Volleinschlag nach beiden Seiten gelenkt. Die Beurteilung erfolgt ergänzend mit Varianten unterschiedlicher Reifenbreite und Reifen mit abgefahrenem Profil nahe der Verschleißgrenze.

Entwicklungsziel: Lenkmomente und Lenkradwinkel sollen möglichst niedrig sein. Die Handkraft am Lenkrad darf auch mit Reifen an der Verschleißgrenze 200 N nicht überschreiten. Das Lenkmoment soll sich auch gegen Endanschlag nicht umkehren (Räder würden selbstständig einschlagen).

Einflussgrößen: Statische Lenkübersetzung (Bild 7.22)
Kennfeld der Servolenkung
Auslegung der Achsgeometrie
Lenkgeometrie (Ackermann-Näherung, Spurdifferenzwinkel, Bild 7.26)
Reifeneigenschaften (Dimensionierung von Rad und Reifen, Kenngrößen wie z.B. Rückstellmoment)
Vorderachslast

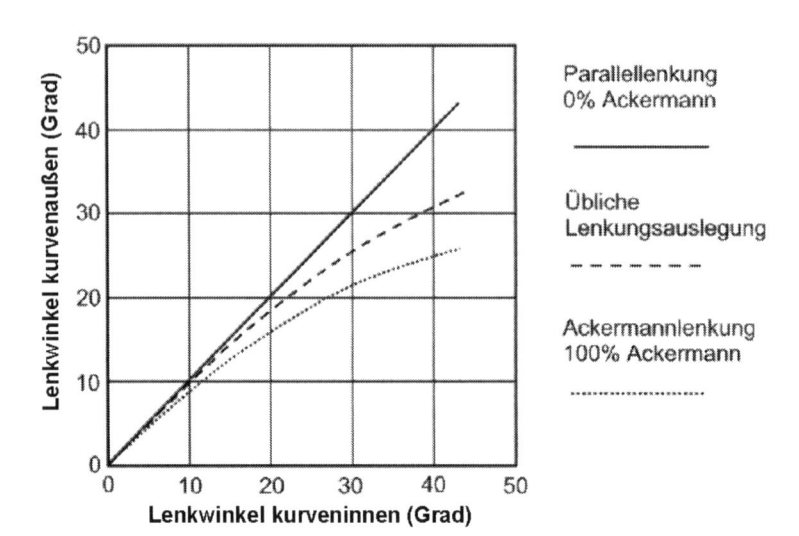

Bild 7.26 Statische Lenkkinematik (Ackermann-Winkel)

7.3.6 Lenkungsüberholen (nur Servolenkung; siehe Bild 7.19)

Unter Lenkungsüberholen versteht man Unstetigkeiten der Lenkkraftunterstützung beim sprungartigen Verlenken (Verreißen) des Fahrzeugs. Bei derartigen Versuchen können von geübten Fahrern Lenkradgeschwindigkeiten von 800 bis 1000°/s aufgebracht werden. Die Manöver simulieren das Lenkungsverhalten beim Ausweichen in Schrecksituationen. Beurteilt wird der Anstieg des Lenkmoments in Zusammenhang mit Lenkradwinkel und Lenkgeschwindigkeit in der ersten Phase des sprungartigen Anlenkens.

Fahrbahn: Ebene, gerade und trockene Fahrbahn bzw. Slalomstrecke

Fahrmanöver: Aus der Geradeausfahrt werden mit größtmöglicher Lenkgeschwindigkeit einfache oder mehrfache Fahrspurwechsel durchgeführt. Variiert werden Lenkgeschwindigkeit, Lenkwinkel, Fahrgeschwindigkeit und Motordrehzahl.

Entwicklungsziel: Der Anstieg von Lenkradwinkel und Lenkmoment soll proportional erfolgen. Ein Nacheilen oder gar ein Aussetzen der Lenkkraftunterstützung darf nicht spürbar sein.

Einflussgrößen: Auslegung/Dynamik/Versorgungsreserven der Lenkkraftunterstützung (Förderstrom, Leitungsquerschnitte, Leitungselastizitäten)
Kennfeld der Servolenkung

7.3.7 Überschwingen bei Lenkungsrücklauf (siehe Bild 7.20)

Beim Übergang von der Kurvenfahrt zur Geradeausfahrt wird das Rücklaufverhalten der Lenkung nach Amplitude und Dämpfung beurteilt.

Fahrbahn: Übergänge von engen Kurven unterschiedlicher Radien in Geraden (z.B. rechtwinklige Einmündungen) bei unterschiedlicher Fahrbahnbeschaffenheit

Fahrmanöver: Beim Übergang von einer Kurvenfahrt in die Geradeausfahrt wird das Lenkrad je nach Fahrzustand freigegeben. Das Lenkrad kann dabei vollständig freigegeben werden oder durch die Hand des Fahrers zurückgleiten. Variiert werden die Geschwindigkeit und die Beschleunigung des Fahrzeugs (z.B. simuliertes Abbiege- oder Einfädelmanöver).

Entwicklungsziel: Die Amplituden der Überschwingungen sollen möglichst gering sein und schnell abklingen. Die vorgegebene Fahrbahnbreite sollte während des Stabilisierens gut eingehalten werden. Die Lenkradausschläge dürfen sich keinesfalls vergrößern.

Einflussgrößen: Elastizitäten, Trägheitsmomente und Dämpfung im Lenkungsstrang
Auslegung der Lenkungsrückstellung (Nachlauf, Spreizung)
Wankabstützung (Federung, Stabilisierung, Dämpfung)

Reifeneigenschaften (Dimensionierung von Rad und Reifen, Kenngrößen wie z.B. Rückstellmoment)

7.3.8 Nachschwingen nach Richtungswechseln bei Geradeausfahrt (siehe Bild 7.20)

Während der Geradeausfahrt werden nach einer heftigen Lenkbewegung ähnlich einem Ausweichmanöver oder dem Umfahren eines plötzlich auftauchenden Hindernisses das Gierverhalten des Fahrzeugs und das Auspendeln auf den stabilen Zustand beurteilt.

Fahrbahn:	Ebene gerade Fahrbahn mit homogener Oberfläche
Fahrmanöver:	Aus Geradeausfahrt mit unterschiedlichen Geschwindigkeiten (ab 80 km/h bis v_{max}) wird die Lenkung mit einer heftigen einmaligen Sinusschwingung im Bereich der Wankeigenfrequenz angeregt. Nach der Schwingungsanregung wird die Geradeausfahrt fortgesetzt. Das Lenkrad wird dabei nicht freigegeben.
Entwicklungsziel:	Die Gierbewegung des Fahrzeugs sollte möglichst schnell abklingen.
Einflussgrößen:	Querelastizitäten von Vorder- und Hinterachse Kinematik und Elastokinematik von Vorder- und Hinterachse Wankabstützung (Federung, Stabilisierung, Dämpfung) Reifeneigenschaften (Dimensionierung von Rad und Reifen, Kenngrößen wie z.B. Schräglaufsteife)

7.3.9 Nachlenken nach Kurvenfahrt (siehe Bild 7.20)

Nach einer Kurvenfahrt wird die Fahrzeugreaktion bis zum Erreichen der stabilen Geradeausfahrt beurteilt. Dabei interessieren insbesondere Nachlenkeffekte von Vorder- und Hinterachse und Lenkmomentschwankungen.

Fahrbahn:	Ebene Fahrbahn mit homogener Oberfläche und Übergängen von Kurven in Geraden
Fahrmanöver:	Aus der Kurvenfahrt (Kreisfahrt oder Spurwechsel) wird in die Geradeausfahrt gelenkt. Variiert werden Fahrgeschwindigkeit (80 bis 140 km/h), Querbeschleunigung und Lenkgeschwindigkeit.
Entwicklungsziel:	Nachlenkeffekte der Achsen sollten nicht wahrnehmbar sein. Anzustreben ist, dass Seitenkraftlenkwinkel und Querelastizitäten beider Achsen nach Lenkmanövern gleichzeitig und ohne Phasenverzug abgebaut werden. Störungen und Schwankungen des Lenkmomentes sind unerwünscht.
Einflussgrößen:	Elastokinematik (insbesondere unter Seitenkraft) Wankkinematik von Vorder- und Hinterachse Querelastizitäten von Vorder- und besonders Hinterachse

Reifeneigenschaften (Dimensionierung von Rad und Reifen, Kenngrößen wie z.B. Schräglaufsteife)

7.3.10 Zielgenauigkeit (siehe Bild 7.21)

Mit dem Begriff der Zielgenauigkeit werden die Kursabweichungen und die erforderliche Lenkkorrekturarbeit bei schneller Kurvenfahrt beschrieben. Dabei interessiert vor allem, ob der Fahrtverlauf rund und flüssig oder eckig mit vielen kleinen Lenkkorrekturen erfolgt.

Fahrbahn: Handlingstrecke mit Kurven unterschiedlicher Radien und mit ebener und unebener Oberfläche, Autobahnfahrt mit lang gezogenen Kurven

Fahrmanöver: Die Strecken werden mit unterschiedlichen Geschwindigkeiten (100 km/h bis v_{max}) befahren.

Entwicklungsziel: Das Fahrzeug soll dem vorgegebenen Kurs störungsfrei folgen, der Bedarf an Lenkkorrekturen sollte gering sein. Bei guter Zielgenauigkeit empfindet man den Fahrtverlauf als rund und flüssig. Witterungsbedingte Störeinflüsse wie Seitenwind sollten mühelos ausregelbar sein.

Einflussgrößen: Elastizitäten im Lenkungsstrang
Statische und dynamische Lenkübersetzung (Bild 7.22)
Lenkungskennfeld bei Servolenkungen
Querelastizitäten an Vorder- und Hinterachse
Kinematik und Elastokinematik an Vorder- und Hinterachse
Aerodynamische Eigenschaften
Auslegung der kinematischen Lenkungsrückstellung (Nachlauf, Spreizung)
Einstellung der Achsgeometrie
Wankabstützung (Federung, Stabilisierung, Dämpfung)
Reifeneigenschaften (Dimensionierung von Rad und Reifen, Kenngrößen wie z.B. Schräglaufsteife)

7.3.11 Fahrbahnkontakt (siehe Bild 7.21)

Beurteilt wird die Rückmeldung des Fahrzeugs an den Fahrer über Fahrzustand und Fahrbahn, insbesondere der Zusammenhang von Lenkwinkelbedarf, Lenkmoment und Momentenschwankungen in Abhängigkeit von Fahrgeschwindigkeit, Querbeschleunigung und Vortrieb.

Fahrbahn: Gerade und verschieden gekrümmte Fahrbahnen verschiedener Unebenheiten und Oberflächen (trocken, nass)

Fahrmanöver:	Die Strecken werden mit unterschiedlichen Geschwindigkeiten befahren, in Kurvenbereichen wird die Querbeschleunigung variiert bis an die Haftgrenze.
Entwicklungsziel:	Der Fahrer sollte durch die beobachteten Größen hinreichend Informationen über Fahrbahnoberflächen, Reibverhältnisse, Griffigkeit, auftretende Querbeschleunigung und Reserven zur Haftgrenze erhalten. Die Intensität der Rückmeldung darf jedoch nicht als störend und komfortmindernd empfunden werden.
Einflussgrößen:	Lenkungscharakteristik Kinematik und Elastokinematik von Vorder- und Hinterachse Elastizitäten, Reibung und Dämpfung in den Fahrwerkslagern Abstimmung von Federung, Stabilisierung und Dämpfung Reifeneigenschaften (Dimensionierung von Rad und Reifen, Kenngrößen wie z.B. Schräglaufsteife) Antriebskonzept

7.3.12 Handlichkeit (siehe Bild 7.21)

Der Begriff Handlichkeit umfasst das harmonische Zusammenspiel der einzelnen Fahrzeugkomponenten unter Hoch-, Längs- und Querkräften, wie z.B. Lenkcharakteristik, Gier-, Wank- und Schwingverhalten, Aufwand an Lenkarbeit. Dabei ist zu berücksichtigen, dass das Gefühl der Handlichkeit auch durch die Antriebscharakteristik und das Bremsverhalten geprägt wird.

Fahrbahn:	Ebene homogene Fahrbahn mit Geraden und Kurven unterschiedlicher Radien (Handlingkurs)
Fahrmanöver:	Die Strecken werden mit unterschiedlichen Geschwindigkeiten im gesamten Querbeschleunigungsbereich befahren.
Entwicklungsziel:	Das Fahrzeug sollte unabhängig von Größe und Gewicht einen agilen Eindruck vermitteln. Anzustreben ist spontanes Umsetzen von Lenkbewegungen bei geringem Lenkaufwand, jedoch ausreichender Rückmeldung. Träges und behäbiges Lenk- und Federungsverhalten sind ebenso unerwünscht wie Überreaktionen und Nervosität. Es sollen sich nur geringe Wank- und Nickwinkel unter Beibehaltung von gutem Federungskomfort einstellen.
Einflussgrößen:	Abstimmung von Federung, Stabilisierung und Dämpfung Lenkungscharakteristik (Lenkmomente, Übersetzung) Kinematik und Elastokinematik an Vorder- und Hinterachse Achslastverteilung Massenträgheitsmomente des Fahrzeugs (besonders um die Hochachse)

Auslegung von elektronischen Feder- und Dämpferregelsystemen
Reifeneigenschaften (Dimensionierung von Rad und Reifen, Kenngrößen wie z.B. Schräglaufsteife)

7.3.13 Lenkungsrücklauf (siehe Bild 7.21)

Unter dem Begriff Lenkungsrücklauf wird das Rückstellverhalten der Lenkung im gesamten Geschwindigkeitsbereich vom Parkieren bis zur Höchstgeschwindigkeit anhand des Verlaufs des Lenkmoments in Abhängigkeit von Lenkradwinkel, Fahrgeschwindigkeit und Querbeschleunigung beurteilt.

Fahrbahn: Ebene Fahrbahn mit Kurven unterschiedlicher Radien (Skid-Pad)
Fahrmanöver: Die Radien werden mit niederen, mittleren und hohen Fahrgeschwindigkeiten und Querbeschleunigungen befahren; ferner sind Parkiermanöver bei Schrittgeschwindigkeit bis zum Lenkungsvolleinschlag durchzuführen.
Entwicklungsziel: Bei allen Fahrmanövern soll ein positives Rückstellmoment vorhanden sein. Negative (eindrehende) Lenkmomente sind unerwünscht.
Einflussgrößen: Auslegung der kinematischen Lenkungs-Rückstellkräfte (Nachlauf, Spreizung und deren Änderung bei Lenkeinschlag)
                    Lenkgeometrie (Ackermann-Näherung, Spurdifferenzwinkel, Bild 7.26)
                    Mechanische oder hydraulische Rückstellungs-Unterstützung (Zentrierfedern, Servolenkventil)
                    Anlenkung des Stabilisators
                    Antriebskonzept
                    Reifeneigenschaften (Dimensionierung von Rad und Reifen, Kenngrößen wie z.B. Rückstellmoment)

7.4 Kurvenverhalten

Ein wesentliches Merkmal der Fahrdynamik von Kraftfahrzeugen ist das Verhalten bei Kurvenfahrt unter Einfluss der Querbeschleunigung sowie der durch Antreiben und Bremsen verursachten Längsbeschleunigung und der dabei wirkenden Kräfte in den Radaufstandsflächen. Maßgeblich ist dabei die Eigenschaft der Reifen, Seiten- und Längskräfte nur unter Seitenschlupf (Schräglaufwinkel) oder Umfangsschlupf zu übertragen. Dadurch und durch die unter Krafteinwirkung auftretenden Radstellungsänderungen werden dem Aufbau Zusatzbewegungen im Giergeschwindigkeitsverhalten aufgeprägt, die mit den nachfolgenden Begriffen wie Eigenlenkverhalten, Einlenkverhalten, Wankverhalten usw. beschrieben werden.

7.4.1 Eigenlenkverhalten

Mit jeder Lenkbewegung erwartet der Fahrer eine Gierreaktion des Fahrzeugs, die er im Zeitverhalten und in der Amplitude anhand einer in seiner Fahrpraxis erworbenen Modellvorstellung über die Fahrdynamik abschätzt. Abweichungen zwischen dem erwarteten und dem tatsächlichen Gierverhalten werden als selbstständiges Lenken des Fahrzeugs empfunden, als «Eigenlenken». Stark vereinfacht kann dieser Eindruck als eine übermäßige Reaktion (Übersteuern) oder als eine zu geringe Reaktion (Untersteuern) empfunden werden.

Bei einer übermäßigen Reaktion, dem Übersteuern, muss der Fahrer einen im Vergleich zu seiner Prognose geringeren Lenkwinkel eingeben, um die gewünschte Gierreaktion zu erhalten. In das Empfinden der übermäßigen Reaktion gehen sowohl die Höhe des für eine Kurvenfahrt erforderlichen Lenkradwinkels ein wie auch die Veränderung des Lenkradwinkelbedarfs in Abhängigkeit von Fahrgeschwindigkeit, Querbeschleunigung und Kurvenradius. Außerdem trägt der zeitliche Aufbau der Gierreaktion mit zur Bildung des Subjektivurteils bei, da ein gegenüber der erwarteten Reaktion zu später Giergeschwindigkeitsaufbau, der zu einer Zurücknahme des Lenkradwinkels veranlasst, ebenfalls als Übersteuern empfunden werden kann.

In der Literatur gibt es zahlreiche Versuche, den komplexen subjektiven Eindruck durch gemessene Daten und daraus abgeleitete Kenngrößen objektiv zu erfassen [41 bis 44]. Dazu wird in einer ersten Einschränkung ausschließlich der stationäre Anteil der Fahrzeugreaktion bewertet.

Zur Beschreibung des stationären Eigenverhaltens haben im Wesentlichen zwei Definitionen breitere Anwendungen gefunden, die aus dem Fahrzustand einer stationären Kreisfahrt (Bild 7.27) abgeleitet werden. Es sind dies ein Vergleich der Achsschräglaufwinkel an Vorder- und Hinterachse oder der inhaltlich identische Vergleich zwischen benötigtem Lenkwinkel und Ackermann-Lenkwinkel und die Bewertung der mit einer Querbeschleunigungsveränderung verbundenen Änderung des Lenkradwinkelbedarfs.

Definition des Eigenlenkverhaltens anhand der Achsschräglaufwinkel

Untersteuern   Der Achsschräglaufwinkel vorn ist größer als hinten.
Übersteuern   Der Achsschräglaufwinkel vorne ist geringer als hinten.
Neutral steuern   Identische Achsschräglaufwinkel an Vorder- und Hinterachse

Der Vergleich der Achsschräglaufwinkel entspricht einem Vergleich zwischen dem für die Kurvenfahrt benötigten Lenkradwinkel und dem Ackermann-Lenkradwinkel.

Definition des Eigenverhaltens anhand des Ackermann-Lenkradwinkels

Untersteuern   Der benötigte Lenkradwinkel ist geringer als der Ackermann-Lenkradwinkel.
Übersteuern   Der benötigte Lenkradwinkel ist größer als der Ackermann-Lenkradwinkel.

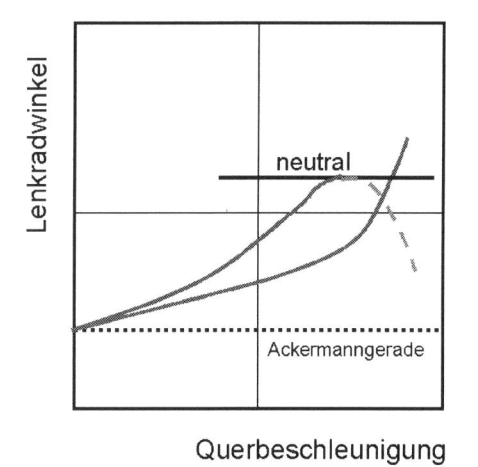

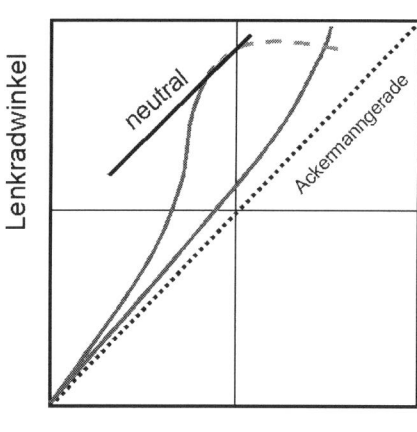

Bild 7.27   Eigenlenkverhalten

Neutral steuern   Der benötigte Lenkradwinkel entspricht dem Ackermann-Lenkradwinkel.

Definition des Eigenlenkverhaltens anhand des mit einer Steigerung der Querbeschleunigung verbundenen Lenkwinkelbedarfs für eine Kreisfahrt mit konstantem Radius (entspricht DIN 70 000)

Untersteuern   Der Lenkradwinkelbedarf steigt mit zunehmender Querbeschleunigung (der Eigenlenkradgradient ist positiv).

Übersteuern   Der Lenkradwinkelbedarf sinkt mit zunehmender Querbeschleunigung (der Eigenlenkgradient ist negativ).

Neutral steuern   Der Lenkradwinkelbedarf bleibt mit zunehmender Querbeschleunigung unverändert (der Eigenlenkgradient ist gleich null).

Um die in dieser letzten Definition (DIN 70 000) enthaltene Abhängigkeit von der Querbeschleunigung zu erfassen, haben sich vier unterschiedliche Testmanöver etabliert, in denen die Testbedingungen im Radius, in der Fahrgeschwindigkeit, im Lenkradwinkel oder in der Querbeschleunigung variiert werden (Bild 7.28).

Die subjektive Beurteilung des Eigenlenkverhaltens kann teilweise auf die aufgeführten Definitionen zum Über- und Untersteuern zurückgeführt werden, die jedoch nicht die zusätzlichen instationären Anteile berücksichtigen und nur eingeschränkt die Abhängigkeiten darstellen, die sich durch die Variation der Testbedingungen ergeben. Daher wird zur subjektiven Beurteilung ein möglichst großes Spektrum an Kurven unter-

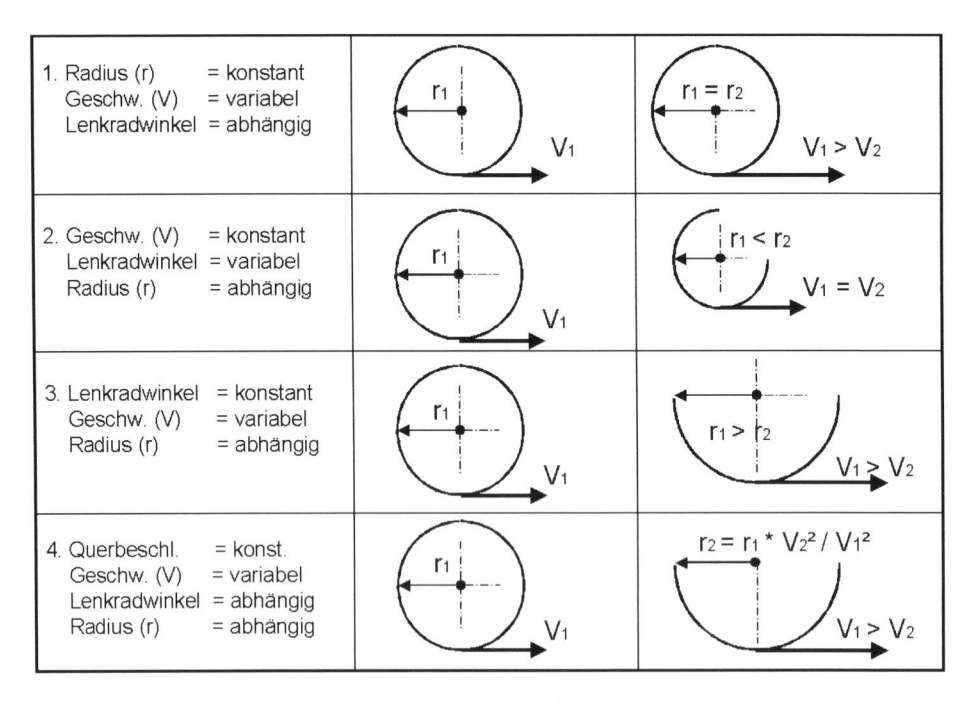

1. Radius (r) = konstant Geschw. (V) = variabel Lenkradwinkel = abhängig	circle with r_1, V_1	circle with $r_1 = r_2$, $V_1 > V_2$
2. Geschw. (V) = konstant Lenkradwinkel = variabel Radius (r) = abhängig	circle with r_1, V_1	circle with $r_1 < r_2$, $V_1 = V_2$
3. Lenkradwinkel = konstant Geschw. (V) = variabel Radius (r) = abhängig	circle with r_1, V_1	arc with $r_1 > r_2$, $V_1 > V_2$
4. Querbeschl. = konst. Geschw. (V) = variabel Lenkradwinkel = abhängig Radius (r) = abhängig	circle with r_1, V_1	arc with $r_2 = r_1 * V_2^2 / V_1^2$, $V_1 > V_2$

Bild 7.28   Testbedingungen für die stationäre Kreisfahrt

schiedlicher Krümmungsverläufe mit unterschiedlichen Geschwindigkeiten und Querbeschleunigungen gefahren.

Während man älteren Fahrzeugen aufgrund von Bauartkonzepten bereits eine gewisse Grundtendenz des Eigenlenkverhaltenes zuordnen konnte (Frontantrieb: untersteuernd; Heckantrieb: übersteuernd), lassen sich Fahrzeuge heutiger Generation längst nicht mehr dieser Verallgemeinerung zuweisen. Als Fehler verzeihende Auslegung der Fahrwerksabstimmung hat sich unabhängig vom Antriebskonzept ein leicht untersteuerndes Eigenlenkverhalten, verbunden mit einer korrigierenden milden Eindrehtendenz bei Lastwechsel, auf breiter Basis durchgesetzt. Lediglich unter Niedrigreibwertverhältnissen zeigen sich weiterhin konzeptbedingte Unterschiede.

Fahrbahn: Ebene Fahrbahn mit Kurven unterschiedlicher Radien (Handlingkurs) bzw. Rutschplatte (Skid-Pad) mit unterschiedlicher Fahrbahnoberfläche (trockene Fahrbahn, Nässe, Schnee, Eis)

Fahrmanöver: Die Kurven bzw. Radien der Kreisbahn werden mit möglichst konstantem Vortrieb über dem gesamten Geschwindigkeitsbereich bis zur Haftgrenze befahren.

Entwicklungsziel: Wünschenswert ist ein neutrales bis leicht untersteuerndes Eigenlenkverhalten bis zu mittleren Querbeschleunigungen; mit höhe-

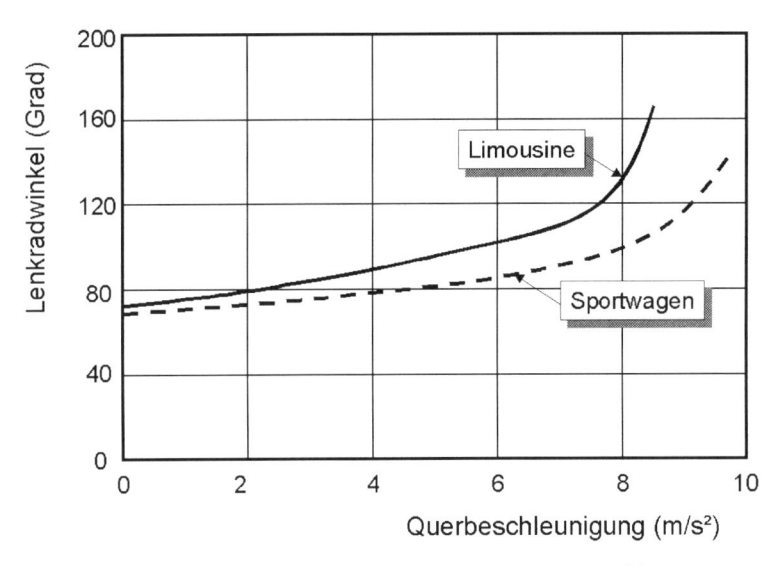

Bild 7.29 Lenkradwinkel-Querbeschleunigung bei stationärer Kreisfahrt

ren Querbeschleunigungen sollte die Untersteuertendenz überproportional zunehmen (Bild 7.29). Die Lenkarbeit zur Kurshaltung sollte gering und eindeutig vorhersehbar sein. Die Charakteristik des Eigenlenkverhaltens soll unabhängig von Fahrbahnbeschaffenheit (Reibwert) und Beladung bleiben.

Einflussgrößen: Elastokinematik an Vorder- und Hinterachse
Wankkinematik an Vorder- und Hinterachse
Abstimmung von Federung, Stabilisierung, Zusatzfederung und Dämpfung
Achslastverteilung
Antriebskonzept
Lage der Wankachse und deren Änderung beim Federn
Aerodynamische Eigenschaften im Hochgeschwindigkeitsbereich
Antriebsmomentverteilung bei Allradantrieb
Sperrcharakteristik der Achsdifferentiale
Auslegung von elektronischen Feder- und Dämpferregelsystemen
Reifeneigenschaften (Dimensionierung von Rad und Reifen, Kenngrößen wie z.B. Schräglaufsteife)

In Bild 7.30 sind die Einflüsse von Fahrwerksänderungen auf das Eigenlenkverhalten zusammengestellt. Die Aufzählung zeigt Grundtendenzen; durch Kombination mehrerer Maßnahmen können sich verstärkende oder auch gegenläufige Effekte einstellen.

Maßnahmen	Verhalten des Eigenlenkverhaltens in Richtung	
	Vorderachse	Hinterachse
Reifendimensionen vergrößern	Übersteuern	Untersteuern
Reifenluftdruck erhöhen	Übersteuern	Untersteuern
Achslast erhöhen	Untersteuern	Übersteuern
Spurweite vergrößern	Übersteuern	Untersteuern
Momentalpol tiefer legen	Übersteuern	Untersteuern
Federrate erhöhen	Untersteuern	Übersteuern
Stabilisator-Torsionsrate erhöhen	Untersteuern	Übersteuern
Ausgleichsfederrate erhöhen	Übersteuern	Untersteuern
Vorspur vergrößern	Übersteuern	Untersteuern
Negativen Radsturz vergrößern	Übersteuern	Untersteuern
Rollspurkurve: beim Einfedern mehr Nachspur	Untersteuern	Übersteuern
Seitenkraftlenken: mehr Vorspur bei Seitenkraft	Übersteuern	Untersteuern
Nachlaufwinkel vergrößern	Übersteuern	Untersteuern
Aerodynamischen Auftrieb reduzieren	Übersteuern	Untersteuern
Lenkgeometrie: Ackermann-Näherung vergrößern	Untersteuern	Übersteuern
Bremskraftanteil erhöhen (wirksam nur beim Bremsen)	Untersteuern	Übersteuern
Antriebskraftanteile bei Allradantrieb erhöhen (wirksam nur bei Vortrieb)	Untersteuern	Übersteuern

Bild 7.30   Einflussgrößen auf das Eigenlenkverhalten

7.4.2   Einlenkverhalten

Das Einlenkverhalten beschreibt den Aufbau einer Gierreaktion als Antwort auf die eingegebenen Lenkwinkel und Lenkgeschwindigkeiten.

Fahrbahn: Ebene Fahrbahn mit Übergängen von Geraden in Kurven unterschiedlicher Radien (Landstraßen, Autobahnkurven und Ausfahrten) und unterschiedlicher Oberflächen (trocken, nass)

Fahrmanöver: Aus der Geradeausfahrt wird eine Kurvenfahrt eingeleitet; variiert werden Fahrgeschwindigkeit und Lenkgeschwindigkeit.

Entwicklungsziel: Gierbeschleunigung und Gierwinkel sollen sich proportional zum Lenkwinkel einstellen; höhere Lenkgeschwindigkeiten sollten dieses Verhalten nicht wesentlich verändern, ebenso unterschiedliche Fahrbahnoberflächen. Zeit- und Phasenverzug sind genauso unerwünscht wie hektische Überreaktionen.

Einflussgrößen: Elastizitäten im Lenkungsstrang
Kinematik und Elastokinematik an Vorder- und Hinterachse
Achsgeometrie (Vorspur, Sturz, Nachlauf, Spreizung)
Lage der Wankachse und deren Änderung beim Federn
Statische und dynamische Lenkübersetzung
Lenkungskennfeld bei Servolenkung
Achslastverteilung
Reifeneigenschaften (Dimensionierung von Rad und Reifen, Kenngrößen wie z.B. Schräglaufsteife)

7.4.3 Seitenkraftaufbau

Bei der Disziplin Seitenkraftaufbau wird beurteilt, in welcher Form sich Querbeschleunigungen aufbauen und Seitenkräfte am Fahrzeug abstützen; besonders interessieren dabei Wank- und Gierverhalten in Abhängigkeit von Lenkradwinkel und -geschwindigkeit sowie das anteilige Verhalten von Vorder- und Hinterachse.

Fahrbahn: Ebene Fahrbahn mit homogener Oberfläche und Übergängen von Geraden in Kurven unterschiedlicher Radien bei verschiedenen Fahrbahnoberflächen (trocken, nass)

Fahrmanöver: Aus der Geradeausfahrt wird eine Kurvenfahrt eingeleitet. Variiert werden Fahrgeschwindigkeit, Querbeschleunigung und Lenkgeschwindigkeit.

Entwicklungsziel: Seitenkraftaufbau und -abstützung sollten spontan und ohne Phasenverzug zwischen Vorder- und Hinterachse erfolgen. Spürbare Querelastizitäten, Anlege- und Aufzieheffekte sind unerwünscht.

Einflussgrößen: Kinematik und Elastokinematik von Vorder- und Hinterachse besonders bei Seitenkraft (Bild 7.31)
Querelastizitäten von Vorder- und Hinterachse
Abstimmung von Federung, Stabilisierung und Dämpfung
Reifeneigenschaften (Dimensionierung von Rad und Reifen, Kenngrößen wie z.B. Schräglaufsteife)
Auslegung von elektronischen Feder- und Dämpferregelsystemen

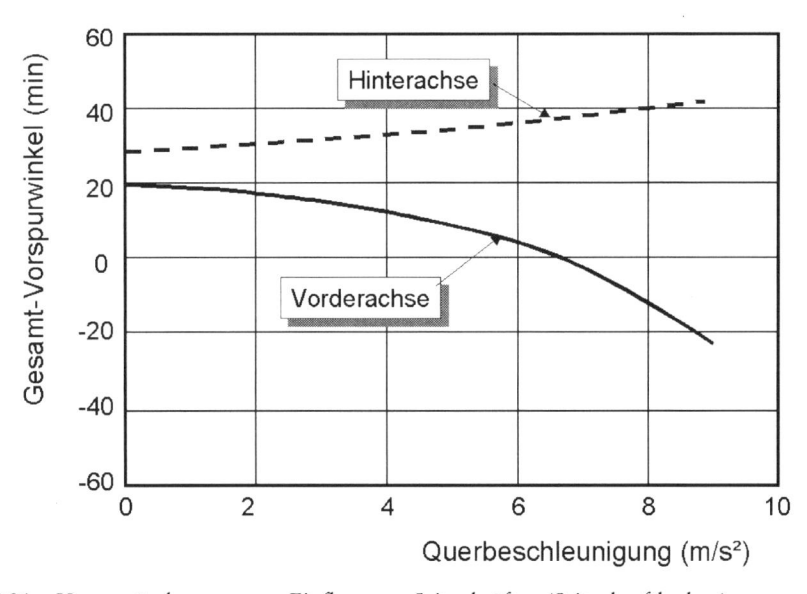

Bild 7.31 Vorspuränderung unter Einfluss von Seitenkräften (Seitenkraftlenken)

7.4.4 Giergeschwindigkeitsaufbau

Beim Einleiten eines Lenkmanövers werden die Gierreaktion nach Giergeschwindigkeit und Gierwinkel in Abhängigkeit von der Lenkgeschwindigkeit sowie die erforderliche Lenkarbeit zur Kurshaltung beurteilt.

Fahrbahn: Ebene Fahrbahn mit homogener Oberfläche und ausreichender Breite, um einfache und doppelte Fahrspurwechsel durchführen zu können (Prüfgelände Schnell- oder Ovalbahn, 3-spurige Autobahnen, Skid-Pad); die Oberflächen sollten unterschiedlich sein (trocken, nass).

Fahrmanöver: Aus konstanter Geradeausfahrt werden einfache bzw. doppelte Spurwechsel durchgeführt. Variiert werden dabei Fahr- und Lenkgeschwindigkeit etwa in den Grenzen zwischen langsamen Fahrspurwechseln bei Autobahnfahrt und panikartigen Manövern wie hektischem Ausweichen oder Umfahren eines plötzlich auftauchenden Hindernisses.

Entwicklungsziel: Die Giergeschwindigkeit soll sich proportional zur Lenkgeschwindigkeit aufbauen. Unstetigkeiten wie Umkehrung, Trägheit, Phasenverzug oder abrupte hektische Übergänge der Gierreaktion sind unerwünscht und erschweren Kurshaltung, Stabilisierung und Fahrzeugführung.

Einflussgrößen: Kinematik und Elastokinematik von Vorder- und Hinterachse
Statische und dynamische Lenkübersetzung
Abstimmung von Federung, Stabilisierung und Dämpfung
Massenträgheitsmomente des Fahrzeugs um die Hochachse
Reifeneigenschaften (Dimensionierung von Rad und Reifen, Kenngrößen wie z.B. Schräglaufsteife)

7.4.5 Querführungsvermögen

Das Querführungsvermögen beschreibt die charakteristischen Eigenschaften des Fahrwerks bei Steigerung der Seitenführungskräfte bis an die Haftgrenze. Beurteilt werden die größtmöglich übertragbaren Seitenkräfte an Vorder- und Hinterachse sowie die Übergangsreaktion beim Annähern bzw. Überschreiten der Haftgrenze.

Fahrbahn: Fahrbahnen mit Kurven unterschiedlicher Radien mit ebener Oberfläche unterschiedlicher Griffigkeit (Handlingkurs, Dynamikfläche, trocken, nass)

Fahrmanöver: Die Strecken werden beginnend mit mittleren Querbeschleunigungen befahren (Bild 7.32); Fahrgeschwindigkeit und Querbeschleunigung werden bis an die Haftgrenze gesteigert.

Entwicklungsziel: Das Querführungsvermögen von Vorder- und Hinterachse sollte

Bild 7.32
Abhängigkeit der Querbeschleunigung von Kurvenradius und Fahrgeschwindigkeit

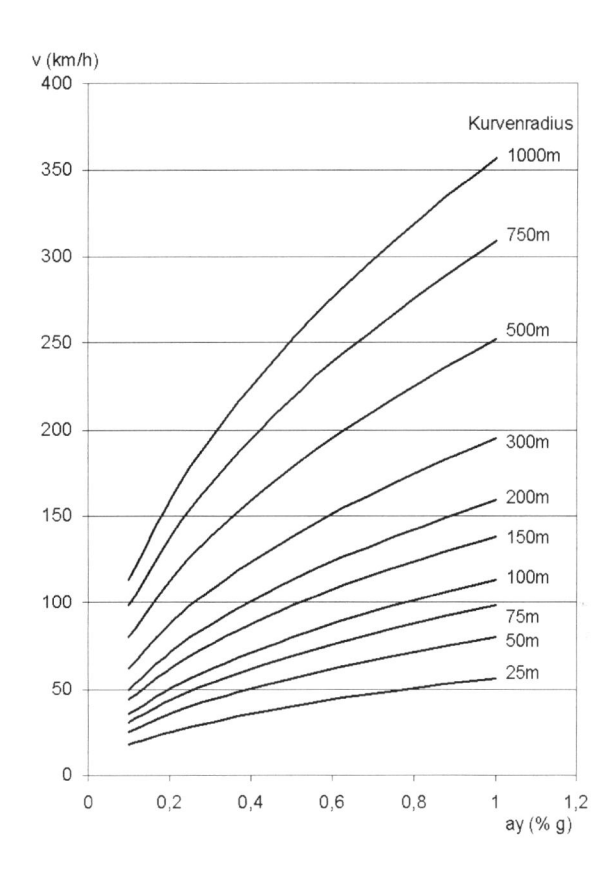

ausgewogen, möglichst groß und die Balance beider Achsen unabhängig von Reibwert und Fahrbahnbeschaffenheit sein. Das Überschreiten der Haftgrenze darf nicht zu hektischen Gierreaktionen führen; weiche Übergänge sollten dem Fahrer Rückmeldung über Querführungsreserven vermitteln und Lenkkorrekturen erleichtern.

Einflussgrößen: Kinematik und Elastokinematik von Vorder- und Hinterachse
Abstimmung von Federung, Stabilisierung und Dämpfung
Reifeneigenschaften (Dimensionierung von Rad und Reifen, Kenngrößen wie z.B. Schräglaufsteife)
Achslastverteilung
Auslegung von elektronischen Feder- und Dämpferregelsystemen

7.4.6 Wankverhalten

Mit dem Wankverhalten wird das Querneigungsverhalten bei Kurvenfahrt in Bezug auf Wankwinkel (Bild 7.33), Wankgeschwindigkeit und Wankbeschleunigung in Abhängigkeit von der Querbeschleunigung beschrieben.

Fahrbahn: Ebene Fahrbahn mit homogener Oberfläche mit Geraden und Krümmungen unterschiedlicher Radien und Kurvenfolgen unterschiedlicher Richtungen

Fahrmanöver: Die Strecken werden mit unterschiedlichen Geschwindigkeiten und Querbeschleunigungen befahren. Darüber hinaus werden gezielt Lenkmanöver mit unterschiedlichen Lenkgeschwindigkeiten eingeleitet.

Entwicklungsziel: Wankwinkel und Wankgeschwindigkeit sollen möglichst gering sein und proportional mit der Querbeschleunigung ansteigen. Das Verhalten sollte in Rechts- und Linkskurven gleich sein. Bei modernen europäischen Pkws beträgt die Wankrate 4°/g bis 8°/g. Mit aktiven Federungssystemen kann der Wankwinkel über das übliche Maß hinaus reduziert werden. Um jedoch ein gutes Gefühl für den Seitenkraftaufbau bei Kurvenfahrt zu vermitteln, sollte der Wankwinkel nicht auf 0 geregelt werden. Ein In-die-Kurve-Legen wird meist als unangenehm empfunden.

Einflussgrößen: Wankabstützung (Federung, Stabilisierung, Zusatzfedern und Dämpfung)
Lage der Wankachse und deren Änderung beim Federn
Auslegung von elektronischen Feder- und Dämpferregelsystemen

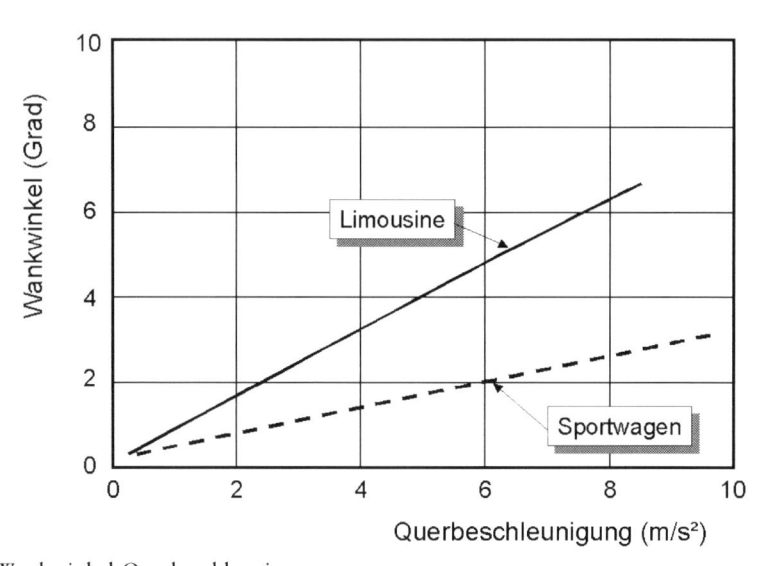

Bild 7.33 Wankwinkel-Querbeschleunigung

7.4.7 Diagonales Tauchen

Beim Einleiten einer Kurvenfahrt erwartet der Fahrer eine Wankbewegung etwa um die Längsachse des Fahrzeugs. Beim Diagonaltauchen entsteht der Eindruck, dass sich das Fahrzeug beim Einlenken um eine diagonal im Raum liegende Achse neigt. Der Eindruck des «Einknickens» kann sowohl an der Vorder- als auch an der Hinterachse entstehen. Beurteilt werden die Harmonie von Vorder- zu Hinterachse beim Aufbau der Wankbewegung nach Wankwinkel und Wankgeschwindigkeit und die Phasenlage in Abhängigkeit von der Querbeschleunigung.

Fahrbahn: Ebene Fahrbahn mit homogener Oberfläche mit Geraden und Krümmungen unterschiedlicher Radien und Kurvenfolgen unterschiedlicher Richtungen

Fahrmanöver: Die Strecken werden mit unterschiedlichen Geschwindigkeiten befahren, die Lenkwinkel werden gezielt unharmonisch und sprungartig eingeleitet.

Entwicklungsziel: Die Wankbewegung sollte möglichst genau um die Fahrzeug-Längsachse bzw. Wankachse erfolgen. Vorder- und Hinterachse sollten gleichphasig federn, so dass keine diagonalen Federbewegungen spürbar sind.

Einflussgrößen: Verteilung der Wankmomentabstützung (Vorder-/Hinterachse)
Abstimmung von Federung, Stabilisierung, Zusatzfedern und Dämpfung
Lage der Wankachse und deren Änderung beim Federn
Auslegung von elektronischen Feder- und Dämpferregelsystemen

7.4.8 Aufstützen

Als Aufstützen bezeichnet man die Eigenart eines Fahrzeugs, dass bei einer Kurvenfahrt die kurvenäußere Fahrzeugseite in Relation zur Kurveninnenseite deutlich geringere Federwege ausführt. Es entsteht der Eindruck einer Einfederunwilligkeit; das Fahrzeug stützt sich bei Seitenkraft auf und wird «ausgehebelt». Es wird bewertet, ob und an welcher Achse Aufstützeffekte spürbar sind. In ungünstigen Fällen kann dabei die Spurhaltung beeinträchtigt werden.

Fahrbahn: Ebene Fahrbahn mit homogener Oberfläche mit Geraden und Krümmungen unterschiedlicher Radien und Kurvenfolgen unterschiedlicher Richtungen

Fahrmanöver: Die Strecken werden mit unterschiedlichen Geschwindigkeiten befahren, die Lenkwinkel werden gezielt unharmonisch und sprungartig eingeleitet.

Entwicklungsziel: Es sollten unter Seitenkräften keine Effekte von Aufstützen oder Aushebeln spürbar sein.

Einflussgrößen: Verteilung der Wankmomentabstützung (Vorder-/Hinterachse)
Abstimmung von Federung, Stabilisierung, Zusatzfedern und Dämpfung
Lage der Wankachse und deren Änderung beim Federn
Achskonzept
Auslegung von elektronischen Feder- und Dämpferregelsystemen

7.4.9 Wankschrauben

Als Wankschrauben bezeichnet man eine Überlagerung von Wank- und Gierschwingungen des Fahrzeugaufbaus beim Befahren von Strecken mit großen Bodenwellen oder Fahrbahnsenken. Die Ursache liegt häufig bei Unsymmetrien der Hinterachskinematik, die bei entsprechender Anregung zu schraubenden Hub- und Querbewegungen führen. Es werden die Fahrzeugbewegungen um Hoch- und Längsachse und Vertikalbewegungen von Vorder- und Hinterwagen beurteilt.

Fahrbahn: Homogene Fahrbahnoberfläche mit Kurvenlauf mit mindestens einer Bodenwelle oder Bodensenke
Fahrmanöver: Die Strecke wird mit unterschiedlichen Geschwindigkeiten und in beiden Fahrtrichtungen befahren.
Entwicklungsziel: Die Hubfederbewegungen des Fahrzeugs sollen parallel zur Fahrbahn erfolgen. Wankschrauben sollte weder in Rechts- noch in Linkskurven wahrnehmbar sein.
Einflussgrößen: Wankkinematik der Vorder- und Hinterachse und deren Symmetrieabweichungen
Kinematik und Elastokinematik, besonders unter Seitenkraft
Lage der Wankachse und deren Änderung beim Federn
Stabilisator-Anlenkung
Abstimmung von Federung, Stabilisierung, Zusatzfedern und Dämpfung
Lenkungscharakteristik
Auslegung von elektronischen Feder- und Dämpferregelsystemen

7.4.10 Spurwechselverhalten

Beim Spurwechselverhalten wird die Fahrstabilität, insbesondere der Auf- und Abbau der Gierreaktion hinsichtlich Gierwinkel und Giergeschwindigkeit bei Spurwechselmanövern bewertet. Durch diese Manöver soll das Verhalten des Fahrzeugs auf Schreckreaktionen des Fahrers beim Ausweichen oder Umfahren plötzlich auftauchender Hindernisse bewertet werden.

Bild 7.34
VDA- und ISO-
Spurwechsel

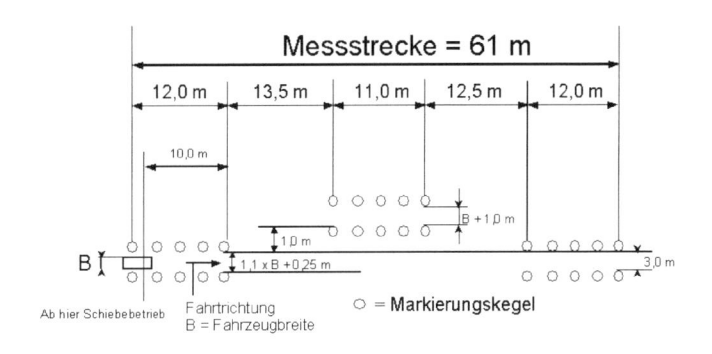

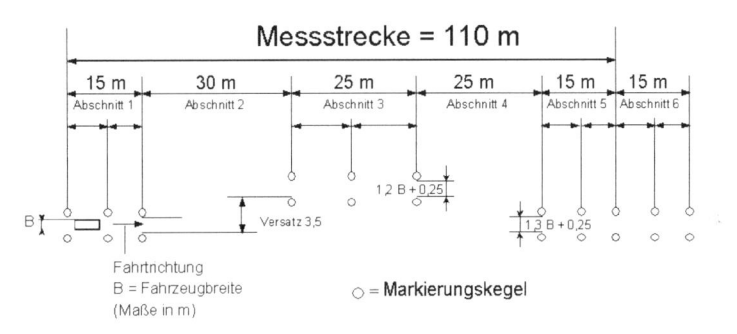

Fahrbahn:	Ebene Fahrbahn mit homogener Oberfläche und ausreichender Breite, um einfache und doppelte Fahrspurwechsel durchführen zu können (Prüfgelände Schnell- und Ovalbahn, 3-spurige Autobahnen, Skid-Pad); die Oberflächen sollten unterschiedlich sein (trocken, nass, Eis, Schnee).
Fahrmanöver:	Aus konstanter Geradeausfahrt werden einfache bzw. doppelte Spurwechsel eingeleitet. Variiert werden dabei Fahr- und Lenkgeschwindigkeit etwa in den Grenzen zwischen langsamen Fahrspurwechseln bei Autobahnfahrt und panikartigen Manövern wie Ausweichen oder Umfahren eines plötzlich auftauchenden Hindernisses. Eine hilfreiche, allerdings aufwendige Ergänzung der frei gefahrenen Manöver bieten der ISO-Test des doppelten Spurwechsels und der VDA-Ausweichtest, deren Spurverlauf jedoch nur mittlere oder niedere Geschwindigkeiten erlaubt (Bild 7.34) [45].
Entwicklungsziel:	Das Fahrzeug sollte präzise und ohne Phasenverzug den vorgegebenen Lenkwinkeln folgen. Hektische Überreaktionen (Ausbrechen) oder Trägheit mit großen erforderlichen Lenkkorrekturen sind unerwünscht.
Einflussgrößen:	Kinematik und Elastokinematik von Vorder- und Hinterachse Wankabstützung (Federung, Stabilisierung, Dämpfung)

Lenkungscharakteristik
Elastizitäten und Dämpfung im Lenkungsstrang
Achslastverteilung
Reifeneigenschaften (Dimensionierung von Rad und Reifen, Kenngrößen wie z.B. Schräglaufsteife)
Aerodynamische Eigenschaften im Hochgeschwindigkeitsbereich
Auslegung von elektronischen Feder- und Dämpferregelsystemen

7.4.11 Lenk-Bremsverhalten (siehe auch Abschnitt 7.2.4)

Bei Bremsmanövern aus einer stationären Kurvenfahrt werden die Kursstabilität, der Aufbau von Gierreaktionen bezüglich Gierwinkel, Giergeschwindigkeit und Gierbeschleunigung sowie die etwa erforderliche Lenkarbeit zur Korrektur von Kursabweichungen beurteilt (Bild 7.35) [46].

Fahrbahn: Ebene homogene Fahrbahn mit Kurven unterschiedlicher Radien; das mögliche Fahrgeschwindigkeitsspektrum sollte bis in die Nähe der Höchstgeschwindigkeit reichen.

Fahrmanöver: Die Kurven werden mit unterschiedlichen Geschwindigkeiten bzw. Querbeschleunigungen befahren. Aus einem quasistationären Zustand werden Bremsungen mittlerer bis hoher Verzögerung eingeleitet. Bei Fahrzeugen mit Bremsregelsystemen sind Bremsmanöver

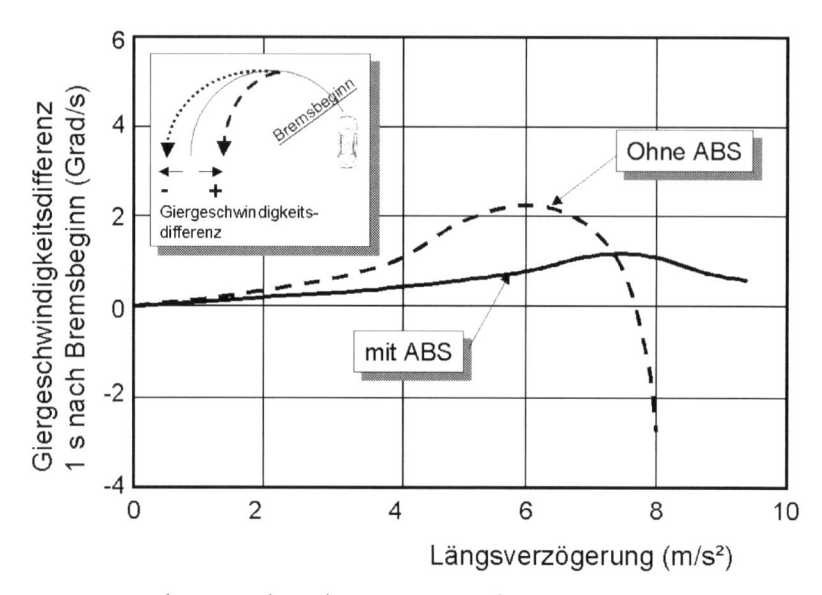

Bild 7.35 Messung der Gierreaktion beim Bremsen in der Kurve

	im Regelbereich und unterhalb der Regeleingriffsschwelle durchzuführen.
Entwicklungsziel:	Das Fahrzeug sollte bei Bremsmanövern richtungsstabil bleiben, Gierreaktionen sollten möglichst gering und mühelos korrigierbar sein. Die durch die Bremsung verursachten Kursabweichungen sollten in der Tendenz und im Ausmaß die Fahrerhandlung während des Lenk-Bremsmanövers unterstützen. Dies kann durch ein leichtes Eindrehen in die Kurve bei mittleren Verzögerungen erreicht werden. Mit zunehmender Fahrgeschwindigkeit sollte die Tendenz zum Eindrehen abnehmen.
Einflussgrößen:	Kinematik und Elastokinematik von Vorder- und Hinterachse Dynamische Achslastverlagerung Auslegung der Bremsanlage (Bremskraftverteilung, Betätigungscharakteristik, Reib- und Temperaturverhalten von Bremsbelägen und Bremsscheiben) Lenkrollradius Aerodynamische Eigenschaften im Hochgeschwindigkeitsbereich Auslegung der elektronischen Fahrwerkregelsysteme (ABS, ESP, semiaktive oder aktive Federungs- und Dämpfersysteme) Reifeneigenschaften (Dimensionierung von Rad und Reifen, Kenngrößen wie z.B. Schräglaufsteife)

7.4.12 Lenk-Beschleunigungsverhalten

Unter Lenk-Beschleunigungsverhalten wird die Änderung des Eigenlenkverhaltens unter Einfluss von Vortriebskräften beschrieben. Die Beurteilung erfolgt während einer Kurvenfahrt, meist am Kurvenausgang. Das Fahrzeug wird dabei mit unterschiedlichen Vortriebskräften beschleunigt und der erforderliche Aufwand zur Kurshaltung bewertet.

Beim Befahren eines Handlingkurses wird im Scheitelpunkt der Kurve mit dosierter Beschleunigung beurteilt, in welchem Ausmaß der Einfluss der Antriebskräfte das Lenkverhalten unterstützt.

Fahrbahn:	Ebene Fahrbahn mit Kurven unterschiedlicher Radien (Handlingkurs) bzw. Skid-Pad bei unterschiedlichen Fahrbahnoberflächen
Fahrmanöver:	Die Kurven bzw. Kreisbahnradien werden mit konstanten Querbeschleunigungen befahren. Dabei wird der Vortrieb sprungartig durch Betätigen des Fahrpedals gesteigert. Variiert werden die Querbeschleunigung bis zur Haftgrenze sowie das Motormoment durch unterschiedliche Fahrpedalbetätigung.
Entwicklungsziel:	Ausgehend von leichtem Untersteuern bei stationärer Kreisfahrt wird beim Beschleunigen ein mäßiges Kurs korrigierendes Leis-

tungsübersteuern und damit eine Reduzierung des Untersteuerns angestrebt. Die Gierreaktion soll sich vorhersehbar und nicht überraschend einstellen und mit geringem Lenkaufwand ausregelbar sein. Diese Charakteristik soll unabhängig von Fahrbahnoberfläche und Beladung erhalten bleiben.

Einflussgrößen: Kinematik und Elastokinematik von Vorder- und Hinterachse
Abstimmung von Federung, Stabilisierung und Dämpfung
Dynamische Achslastverlagerung
Motorcharakteristik (Drehmoment-, Leistungsverlauf)
Lenkungscharakteristik
Aerodynamische Eigenschaften im Hochgeschwindigkeitsbereich
Reifeneigenschaften (Dimensionierung von Rad und Reifen, Kenngrößen wie z.B. Schräglaufsteife)
Sperrcharakteristik der Achsdifferentiale
Antriebsmomentverteilung bei Allradantrieb

7.4.13 Lastwechselverhalten

Während einer Kurvenfahrt mit mittleren und höheren Querbeschleunigungen wird der Vortrieb unterbrochen und anschließend der erforderliche Aufwand zur Kurshaltung beurteilt (Bild 7.36) [47; 48].

Fahrbahn: Ebene Fahrbahn mit Kurven unterschiedlicher Radien (Handlingkurs, vorzugsweise zuziehende Kurven) bzw. Skid-Pad bei unterschiedlichen Fahrbahnoberflächen
Fahrmanöver: Die Kurven bzw. Kreisbahnradien werden mit konstanten Querbeschleunigungen befahren und der Vortrieb sprungartig durch Loslassen des Gaspedals unterbrochen. Variiert werden die Querbeschleunigung bis zur Haftgrenze sowie das Motorbremsmoment durch unterschiedliche Gangwahl.
Entwicklungsziel: Ausgehend vom leichten Untersteuern bei stationärer Kreisfahrt wird bei Lastwechsel ein mäßiges kurskorrigierendes Eindrehen und damit eine Reduzierung des Untersteuerns angestrebt. Die Gierreaktion soll sich vorhersehbar und nicht überraschend einstellen und mit geringem Lenkaufwand ausregelbar sein. Mit einsetzendem Vortrieb sollte sich das Verhalten der stationären Ausgangsbedingung wieder einstellen. Diese Charakteristik soll unabhängig von Fahrbahnoberfläche und Beladung erhalten bleiben.
Einflussgrößen: Kinematik und Elastokinematik von Vorder- und Hinterachse
Abstimmung von Federung, Stabilisierung und Dämpfung
Dynamische Achslastverlagerung
Motor- und Antriebsschleppmoment-Charakteristik

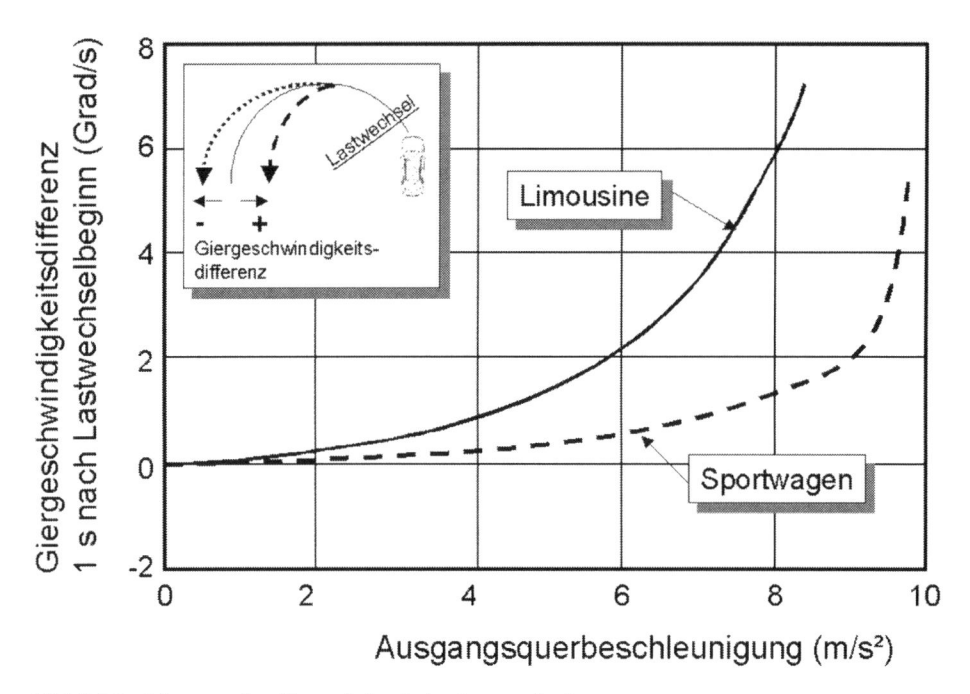

Bild 7.36 Messung der Gierreaktion beim Lastwechsel

Ursachen für die Lastwechselreaktion	Tendenz der Veränderung des Eigenlenkverhaltens		
	Frontantrieb	Heckantrieb	Allrad 50:50
Traktionseinfluss			
Wechsel von Antreiben auf Umfangskraft = 0	Übersteuern	Untersteuern	-
Wechsel von Umfangskraft = 0 auf Verzögern	Untersteuern	Übersteuern	-
Einfluss der Radlastverlagerung auf die Seitenführungskräfte	Übersteuern	Übersteuern	Übersteuern
Verringerung des Untersteuerns durch Geschwindigkeitsverminderung	Übersteuern	Übersteuern	Übersteuern
Veränderung einer in den Kreis ziehenden Antriebskraft	Untersteuern	-	Untersteuern
Kinematische Veränderung der Radstellung durch Nicken und Wanken	Auswirkung je nach Radaufhängung und kinematischer Auslegung		
Elastische Veränderung der Radstellung durch Änderung der Umfangskräfte	Auswirkung je nach Radaufhängung und elastokinematischer Auslegung		
Lenkmomente durch Beugewinkel an Antriebsgelenken	Übersteuern	Untersteuern	-
Giermoment durch beim Wanken ausgelenkten Schwerpunkt	Übersteuern	Übersteuern	Übersteuern
Drall durch Geschwindigkeitsänderung	Übersteuern	Übersteuern	Übersteuern
Verringerung des Reifennachlaufs bei Änderung der Radumfangskräfte	Übersteuern	Untersteuern	

Bild 7.37 Einflüsse auf die Lastwechselreaktion

>   Lenkungscharakteristik
>   Aerodynamische Eigenschaften im Hochgeschwindigkeitsbereich
>   Reifeneigenschaften (Dimensionierung von Rad und Reifen, Kenngrößen wie z.B. Schräglaufsteife)
>   Sperrcharakteristik der Achsdifferentiale
>   Antriebsmomentverteilung bei Allradantrieb

In Bild 7.37 sind die wichtigsten Ursachen und deren Auswirkungen für die Lastwechselreaktion dargestellt.

7.4.14 Fahrbahneinflüsse

Beim Befahren von Geraden und Kurvenstrecken mit unterschiedlichen Fahrbahnoberflächen (Unebenheiten, Griffigkeit) werden insbesondere Spurstabilität und der Regelaufwand zur Kurshaltung sowie das Querführungsvermögen von Vorder- und Hinterachse in Abhängigkeit von der Fahrbahnoberfläche beurteilt.

Fahrbahn: Ebene, gerade und kurvige Strecken mit unterschiedlichen Fahrbahnoberflächen. Es ist eine Vielzahl von Strecken mit einem möglichst großen Spektrum von unterschiedlichen Reibwerten und Oberflächenbeschaffenheiten auszuwählen, wie Asphalt grober, mittlerer und feiner Körnung, unterschiedlicher Verschleißzustand, Betonoberflächen, Kopfsteinpflaster, trockene und nasse Fahrbahn, Schnee, Eis.

Fahrmanöver: Die Strecken werden mit unterschiedlichen Geschwindigkeiten und Umfangskräften (Beschleunigen/Bremsen) befahren.

Entwicklungsziel: Die Charakteristik des Fahr- und Lenkverhaltens sollte bei allen dargestellten Versuchsvarianten unverändert bleiben. Das relative Querführungsvermögen von Vorder- zu Hinterachse sollte grundsätzlich beibehalten werden.

Einflussgrößen: Kinematik und Elastokinematik von Vorder- und Hinterachse
Abstimmung von Federung, Stabilisierung und Dämpfung
Lenkungscharakteristik
Antriebskonzept
Sperrcharakteristik der Achsdifferentiale
Auslegung von elektronischen Feder- und Dämpferregelsystemen

7.5 Geradeausfahrt

Ein wichtiger Bestandteil der passiven Fahrsicherheit ist die hohe Richtungsstabilität des Fahrzeugs als Voraussetzung für entspanntes und ermüdungsfreies Fahren. Mit dem Begriff der Geradeausfahrt werden die Eigenschaften eines Fahrzeugs beschrieben, die die fahrzeugeigene Stabilität des Geradeauslaufs, die Empfindlichkeit des Fahrzeugs auf äußere Störeinflüsse und den Regelaufwand zur Kurshaltung bestimmen [49 bis 51].

7.5.1 Geradeauslauf

Die Geradeausfahrt wird durch Störkräfte als Folge von Bodenunebenheiten, aerodynamischen Einflüssen, nicht zur Kurshaltung erforderlichen Lenkbewegungen (Fahrerrauschen) und inneren Kräften sowie Momenten im Antriebsstrang bzw. in der Radführung beeinflusst. Bewertet wird, in welchem Ausmaß der Geradeauslauf durch Richtungsänderungen und Seitenversatz gestört wird und wie hoch der Aufwand zur Ausregelung der Störung ist.

Fahrbahn: Ebene gerade Fahrbahn mit meist homogener Fahrbahnoberfläche unterschiedlicher Beschaffenheit, wie z.B. trockene Fahrbahn, Nässe, Eis, geringe oder große, kurz- und langwellige Unebenheiten, Kopfsteinpflaster, Einzelhindernisse (Bodenwellen, Schlagleisten, Kanaldeckel)

Fahrmanöver: Geradeausfahrt mit gleichmäßiger Geschwindigkeit (z.B. konstant 80, 100, 150 km/h, v_{max}) bei Windstille oder niedrigen Windgeschwindigkeiten

Entwicklungsziel: Das Fahrzeug sollte sich möglichst selbsttätig und stetig zentrieren, so dass nur geringe Haltekräfte und Korrekturbewegungen am Lenkrad erforderlich sind.

Einflussgrößen: Achseinstellwerte
Kinematik und Elastokinematik von Vorder- und Hinterachse, insbesondere Nachlauf (Nachlaufwinkel, -strecke, -versatz)
Lenkungscharakteristik
Achslastverteilung
Reifeneigenschaften (Dimensionierung von Rad und Reifen, Kenngrößen wie z.B. Schräglaufsteife)
Aerodynamische Eigenschaften
Radstand

7.5.2 Federungslenken

Durch Federungsbewegungen des Fahrzeugs können bei losgelassenem Lenkrad Lenkbewegungen ausgelöst werden, die zu geringfügigen Lenkraddrehungen führen. Bei festgehaltenem Lenkrad stellen sich u.U. Gierschwingungen ein. Dadurch können zusätzlich auch Kursänderungen verursacht werden. Bewertet wird das Ausmaß der bei der Fahrt auftretenden Lenkradwinkel bzw. die Lenkkraftschwankungen bei festgehaltenem Lenkrad.

Fahrbahn: Ebene gerade Fahrbahn mit hoher Griffigkeit und unterschiedlichen Unebenheiten, wie z.B. kurz- und langwellige Unebenheiten, Bodenwellen, Rampen

Fahrmanöver: Geradeausfahrt mit gleichmäßiger, vorzugsweise hoher Geschwindigkeit (z.B. konstant 80, 120, 150, 180 km/h, v_{max})

Entwicklungsziel: Auch bei starkem Durchfedern sollten keine Lenkbewegungen oder Gierbewegungen auftreten.

Einflussgrößen: Kinematik und Elastokinematik der Vorder- und Hinterachse (Bild 7.38)

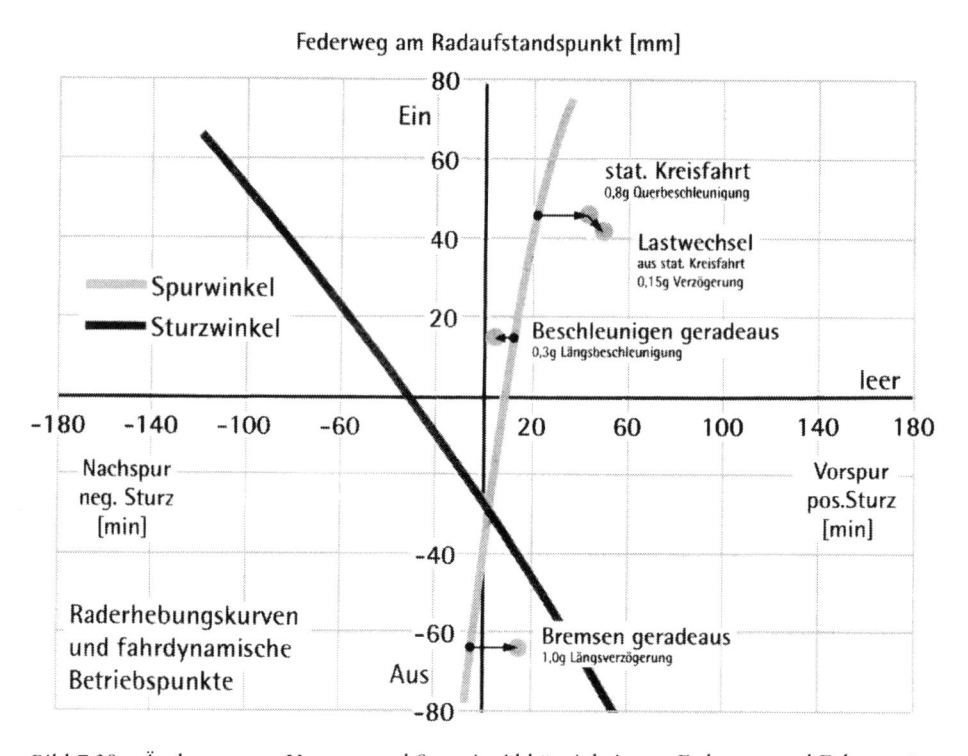

Bild 7.38 Änderung von Vorspur und Sturz in Abhängigkeit von Federweg und Fahrmanöver

Lenkungscharakteristik
Abstimmung von Federung, Stabilisierung und Dämpfung
Reifeneigenschaften (Dimensionierung von Rad und Reifen, Kenngrößen wie z.B. Schräglaufsteife)

7.5.3 Wanklenken

Unstetigkeiten in der Fahrbahnoberfläche, insbesondere Unterschiede in den Fahrspuren zwischen rechter und linker Radspur (Verwerfungen, Baufehler, Verschleiß oder Setzerscheinungen) können Wankbewegungen verursachen, die zu selbsttätigen Lenkbewegungen mit geringfügigen Lenkraddrehungen führen. Bei festgehaltenem Lenkrad können sich Gierschwingungen ausbilden. Dadurch werden zusätzlich auch Kursabweichungen verursacht. Bewertet wird das Ausmaß der bei der Fahrt auftretenden Lenkradwinkel bzw. Lenkmomentschwankungen bei festgehaltenem Lenkrad.

Fahrbahn: Ebene gerade Fahrbahn und Kurvenverläufe mit hoher Griffigkeit und unterschiedlichen Unebenheiten, wie z.B. in den Radspuren unterschiedliche mittel- und langwellige Unebenheiten, Bodenwellen oder Fahrbahnverwerfungen

Fahrmanöver: Fahrt mit gleichmäßiger angepasster Geschwindigkeit (z.B. konstant 80, 100, 120, 150, 180 km/h, v_{max})

Entwicklungsziel: Auch bei heftigen Wankbewegungen sollten keine Lenk- oder Gierbewegungen auftreten.

Einflussgrößen: Kinematik und Elastokinematik von Vorder- und Hinterachse
Kinematik der Stabilisatoranlenkung
Abstimmung von Federung, Stabilisierung und Dämpfung
Lenkungscharakteristik
Lage der Wankachse und deren Änderung beim Federn
Reifeneigenschaften (Dimensionierung von Rad und Reifen, Kenngrößen wie z.B. Schräglaufsteife)

7.5.4 Lenkungspendeln

Das Lenkungspendeln beschreibt das niederfrequente Schwingungsverhalten des Systems Lenkung-Fahrzeug hinsichtlich Frequenz, Dämpfung und Abklingverhalten. Zur Bewertung werden die Beobachtungen der folgenden drei Lenkaktionen zusammengefasst:

❏ Bei sinusförmiger Anregung wird bewertet, ob durch Lenkbewegungen eine gekoppelte Lenk-Wankschwingung angefacht werden kann und wie schnell diese Schwingung nach Beendigung der Anregung abklingt.
❏ Beim Anreißen wird beobachtet, ob und wie das Lenkrad in die Ausgangslage zurück-

kehrt. Klingt die Schwingung ab, wird die Anzahl und Amplitude der Überschwinger in der Lenkraddrehung bewertet.
- ❑ Bei freigegebenem Lenkrad wird bewertet, ob durch Bodenunebenheiten eine Pendelbewegung am Lenkrad angefacht werden kann.

Fahrbahn: Ebene gerade Fahrbahn mit hoher Griffigkeit bzw. Bodenunebenheiten in Längsrichtung der Fahrspuren

Fahrmanöver: Geradeausfahrt mit gleichmäßiger, vorzugsweise hoher Geschwindigkeit (z.B. konstant 120, 150, 180 km/h, v_{max}). Um das Lenkungspendeln umfassend zu beurteilen, wird das Lenkrad in folgender Weise betätigt:
Ausführen leichter sinusförmiger Lenkbewegungen um die Mittellage mit unterschiedlicher Frequenz, um die Eigenfrequenz des Lenkungspendelns zu erfühlen; danach ist die Anregung der Lenkung bei dieser Frequenz beizubehalten. Die Amplituden der Lenkraddrehung sind sehr gering (z.B. kleiner ±10°). Aus dem eingeschwungenem Zustand wird das Lenkrad freigegeben.
Beim Anreißversuch wird das Lenkrad aus der Geradeausfahrt heraus kurz angerissen, sofort freigegeben und das Ausklingverhalten beurteilt. Im letzten der o.g. Versuche wird das Lenkrad auf unebener Fahrbahn freigegeben und ein mögliches periodisches Selbstlenken beobachtet.

Entwicklungsziel: Bei freigegebenem Lenkrad sollte bis zur Höchstgeschwindigkeit keinerlei Lenkungspendeln auftreten. Wird das Lenkrad angerissen, sollte das Lenkrad schnell und möglichst ohne Überschwingen in die Ausgangslage zurückkehren. Dies gilt auch bei sinusförmiger Anregung, bei der die Pendelbewegung nach Beendigung der Anfachung sofort ausklingt. Während der Anfachung sollten die Lenkrückstellkräfte dieser spürbar entgegenwirken. Bei Bodenunebenheiten und freigegebenem Lenkrad sollten keine periodischen Schwingungen angefacht werden.

Einflussgrößen: Elastizitäten, Trägheitsmomente, Reibung und Dämpfung im Lenkungsstrang
Abstimmung von Federung, Stabilisierung und Dämpfung
Anlenkung des Stabilisators
Lenkungscharakteristik
Aerodynamische Eigenschaften
Kinematik und Elastokinematik der Vorder- und Hinterachse, insbesondere Nachlauf
Achslastverteilung
Reifeneigenschaften (Dimensionierung von Rad und Reifen, Kenngrößen wie z.B. Schräglaufsteife, Verschleißzustand)

7.5.5   Längsfugenempfindlichkeit

Beim Überfahren von Längsfugen können Lenkbewegungen oder Kursänderungen auftreten. Bewertet werden das Ausmaß der Lenkbewegungen bei freigegebenem bzw. Lenkmomentschwankungen bei festgehaltenem Lenkrad sowie auftretende Kursänderungen und der Lenkaufwand zur Ausregelung der Störungen.

Fahrbahn: Ebene gerade Fahrbahn mit hoher Griffigkeit und Längsfugen, z.B. durch Stoßkanten bei Betonplatten-Fahrbahnen oder Fräskanten an Baustellen; nachgefräste Fahrspuren (Bild 7.39), ausgeprägte Fahrbahnmarkierungen; bei Stadtfahrt auch Straßenbahnschienen (Bild 7.40)

Fahrmanöver: Geradeausfahrt mit gleichmäßiger Geschwindigkeit (z.B. konstant 50, 80, 100, 150 km/h). Dabei werden die Längsfugen in spitzem Winkel überfahren.

Bild 7.39   Gefräste Fahrspuren

Bild 7.40   Längsfugen (Schienen)

Entwicklungsziel: Durch Längsfugen sollten keine Lenkbewegungen, Lenkmomentschwankungen und Kursänderungen verursacht werden.
Einflussgrößen: Kinematik und Elastokinematik von Vorder- und Hinterachse
Achseinstellwerte
Störkrafthebelarm
Lenkungscharakteristik
Reifeneigenschaften (Dimensionierung von Rad und Reifen, Kenngrößen wie z.B. Schräglaufsteife)

7.5.6   Spurrinnenempfindlichkeit

Die Spurrinnenempfindlichkeit beschreibt die Richtungsstabilität des Fahrzeugs bzw. Rückwirkungen auf die Lenkung beim Befahren von gefrästen Spurrillenfahrbahnen (siehe Bild 6.18) sowie bei der Fahrt in und am Rand von Spurrinnen, die sich durch Oberflächenverschleiß oder hohe Belastung durch Schwerlastverkehr ausbilden (siehe Bilder 6.19 und 7.41). Dabei können Lenkbewegungen und Kursänderungen auftreten. Bewertet werden das Ausmaß der Lenkbewegungen bei freigegebenem bzw. Lenkmomentschwankungen bei festgehaltenem Lenkrad, evtl. auftretende Kursänderungen sowie der Lenkaufwand zur Ausregelung der Störungen.

Bild 7.41 Spurrinnen (Lkw)

Fahrbahn: Ebene gerade Fahrbahn mit hoher Griffigkeit und Spurrinnen, wie sie z.B. bei Fahrbahnverschleiß durch Lkws oder durch in Längsrichtung gefräste Spurrillen auftreten können
Fahrmanöver: Geradeausfahrt mit gleichmäßiger Geschwindigkeit (z.B. konstant 80, 100, 150 km/h). Dabei werden die Spurrinnen in spitzem Winkel überfahren oder es wird in den Spurrinnen mit leichtem seitlichen Versatz gefahren.
Entwicklungsziel: Durch Spurrinnen sollten keine Lenkbewegungen, Lenkmomentschwankungen und Kursänderungen verursacht werden.
Einflussgrößen: Kinematik und Elastokinematik von Vorder- und Hinterachse
Achseinstellwerte
Elastizitäten im Lenkungsstrang
Lenkungscharakteristik
Störkrafthebelarm
Reifeneigenschaften (Dimensionierung von Rad und Reifen, Profilgestaltung, Kenngrößen wie z.B. Schräglaufsteife)

7.5.7 Lastwechselsteuern

Durch einen Lastwechsel bei Geradeausfahrt können Lenkbewegungen und Kursänderungen auftreten. Bewertet werden das Ausmaß der Lenkbewegungen bei freigegebenem bzw. Lenkmomentschwankungen bei festgehaltenem Lenkrad, evtl. auftretende Kursänderungen und der Lenkaufwand zur Ausregelung der Störungen.

Fahrbahn: Ebene gerade Fahrbahn mit homogener Fahrbahnoberfläche unterschiedlicher Beschaffenheit, wie z.B. trockene Fahrbahn, Nässe, Eis und Schnee

Fahrmanöver: Ausgangsbedingung ist die Geradeausfahrt mit gleichmäßiger Geschwindigkeit, die in Stufen variiert wird, z.B. konstant 60, 80, 100, 150 km/h. Aus dieser Fahrt heraus wird die Fahrpedalstellung plötzlich verändert, z.B. plötzlich zurückgenommen oder in Vollgasposition gebracht.

Entwicklungsziel: Durch den Lastwechsel sollten keine Lenkbewegungen, Lenkmomentschwankungen und Kursänderungen verursacht werden.

Einflussgrößen: Kinematik und Elastokinematik (besonders Unsymmetrien an den angetriebenen Achsen)
Gleichförmigkeit der Reifen, z.B. Konizität
Unsymmetrien der Antriebswellen
Sperrcharakteristik der Achsdifferentiale

7.5.8 Seitenwindverhalten

Unter Einfluss von Seitenwind kann das Fahrzeug Richtungsänderungen und einen Kursversatz erfahren. Bewertet werden das Ausmaß der Störung, wie schnell die Störungen auftreten und der Lenkaufwand, der erforderlich ist, das Fahrzeug geradeaus zu führen. Um diese Aussagen zu gewinnen, wird das Lenkrad während der geregelten Geradeausfahrt zeitweise freigegeben oder festgehalten [52; 53].

Fahrbahn: Ebene gerade Fahrbahn mit hoher Griffigkeit, vorzugsweise Autobahnen ohne Geschwindigkeitsbeschränkungen mit fließendem Verkehr

Fahrmanöver: Geradeausfahrt mit gleichmäßiger, bevorzugt hoher Geschwindigkeit, die in Stufen variiert wird (z.B. konstant 80, 100, 120, 150, 180 km/h, v_{max}) bei natürlichem Seitenwind, alternativ Seitenwindanlage mit unterschiedlichen Anströmwinkeln (Bild 7.42)

Entwicklungsziel: Die durch Seitenwind verursachten Richtungsänderungen und der Kursversatz sollten so gering wie möglich sein. Treten Störungen der Kurs- und Richtungshaltung auf, so sollten sie gut gedämpft verlaufen, damit dem Fahrer hinreichende Reaktionszeiten zur Verfügung stehen. Der Regelaufwand zur Kurshaltung sollte so gering

Bild 7.42
Seitenwindanlage

	wie möglich sein.
Einflussgrößen:	Aerodynamische Eigenschaften
	Schwerpunktlage
	Lenkungscharakteristik
	Abstimmung von Federung, Stabilisierung und Dämpfung
	Elastokinematik von Vorder- und Hinterachse

7.5.9 Windempfindlichkeit

Im fließenden Verkehr bilden sich Luftturbulenzen und Wirbelschleppen, die eine gewisse Fahrzeugunruhe auslösen können. Beurteilt wird, ob und welche Fahrzeugreaktionen beim Hinterherfahren, Überholen oder Überholtwerden auftreten (Wank-, Gierschwingungen, Querversatz) und wie hoch der Lenkaufwand zum Ausregeln dieser Störung ist.

Fahrbahn:	Ebene gerade Fahrbahn mit hoher Griffigkeit, bevorzugt Autobahn ohne Geschwindigkeitsbegrenzung mit fließendem Verkehr
Fahrmanöver:	Über längere Distanz (mindestens 30 km) wird mit dem fließenden Verkehr mit unterschiedlichen Geschwindigkeiten und unterschiedlichen Überholsituationen (Überholen und Überholtwerden) gefahren. Dabei sollten alle verfügbaren Fahrspuren benutzt werden. Insbesondere wird das Verhalten in der Wirbelschleppe von Bussen und Lkws in verschiedenen Distanzen beurteilt.
Entwicklungsziel:	Wirbelschleppen sollten möglichst keine Fahrzeugreaktion auslö-

Bild 7.43
Abrisskante Rückleuchte

	sen. Evtl. doch auftretende Störungen sollten mit geringem Lenkaufwand leicht auszuregeln sein.
Einflussgrößen:	Aerodynamische Eigenschaften, insbesondere die Ausbildung seitlicher Heckabrisskanten (Bild 7.43) [54]
	Schwerpunktlage
	Lenkungscharakteristik
	Elastokinematik von Vorder- und Hinterachse
	Achseinstellwerte

7.5.10 Pendelstabilität bei Pkw-Anhänger-Gespannen

Beim Fahrbetrieb mit Anhängern, insbesondere mit Wohnwagen, kann es in der Nähe der zulässigen Höchstgeschwindigkeit zu gefährlichen Pendelerscheinungen kommen. Es wird beobachtet, bis zu welcher Geschwindigkeit keine oder nur stark gedämpfte Pendelschwingungen am Anhänger auftreten [55; 56].

Fahrbahn:	Ebene gerade Fahrbahn mit hoher Griffigkeit
Fahrmanöver:	Geradeausfahrt mit gleichmäßiger Geschwindigkeit, die in Stufen bis in die Nähe der kritischen Geschwindigkeit oder bis zur Höchstgeschwindigkeit variiert wird. Um das Pendelverhalten zu beurteilen, wird das Lenkrad in folgender Weise betätigt:
	Ausführen leichter sinusförmiger Lenkbewegungen um die Mittellage mit unterschiedlicher Frequenz, um die Eigenfrequenz der Pendelbewegung des Anhängers zu beobachten. Danach wird das Gespann bei der Eigenfrequenz angeregt. Die Amplituden der Lenk-

bewegung sind sehr gering. Die Versuche werden immer bei niederen Geschwindigkeiten begonnen. Die Geschwindigkeit wird in kleinen Schritten gesteigert. Nimmt die Pendelbewegung deutlich zu, so nähert sich das Gespann der kritischen Geschwindigkeit. Auf eine weitere Steigerung der Geschwindigkeit ist unbedingt zu verzichten. Bei Fahrt mit der kritischen oder höheren Geschwindigkeit schaukelt sich das Gespann auf und ist auch für den erfahrenen Fahrer nicht mehr abzufangen.

Alternativ kann das Lenkrad aus der geregelten Geradeausfahrt heraus kurz angerissen werden. Danach wird das Gespann wieder auf den Ausgangskurs zurückgeführt. Auch diese Versuche müssen deutlich unterhalb der kritischen Geschwindigkeit durchgeführt werden.

Die Versuche sind mit verschiedenen Beladungszuständen im Rahmen der zulässigen Lasten sowohl des Zugfahrzeugs als auch des Anhängers durchzuführen.

Entwicklungsziel: Das Gespann muss auch mit einem ungünstigen Massenverhältnis zwischen Zugfahrzeug und Anhänger die gesetzlich zugelassene Höchstgeschwindigkeit sicher erreichen. Damit ein ausreichender Abstand von der kritischen Geschwindigkeit gewährleistet ist, sollte diese so hoch wie möglich sein.

Einflussgrößen
❑ Anhänger: Gesamtgewicht
Schwerpunktlage
Massenträgheitsmomente des Anhängers
Achsbauart und deren Elastokinematik
Abstimmung von Federung und Dämpfung
Stützlast am Kupplungskopf
Schlingerdämpfer zwischen Deichsel und Anhängerkupplung (Bild 7.44; mit Reibungsdämpfern bzw. hydraulischen Dämpfern lässt sich die kritische Geschwindigkeit in der Regel um ca. 20 km/h erhöhen) [57]
Reifeneigenschaften (Dimensionierung von Rad und Reifen, Kenngrößen wie z.B. Schräglaufsteife)

❑ Zugfahrzeug: Gesamtgewicht
Achslastverteilung
Kinematik und Elastokinematik (bes. Hinterachse unter Seitenkraft)
Abstimmung von Federung, Stabilisierung und Dämpfung
Reifeneigenschaften (Dimensionierung von Rad und Reifen, Kenngrößen wie z.B. Schräglaufsteife)

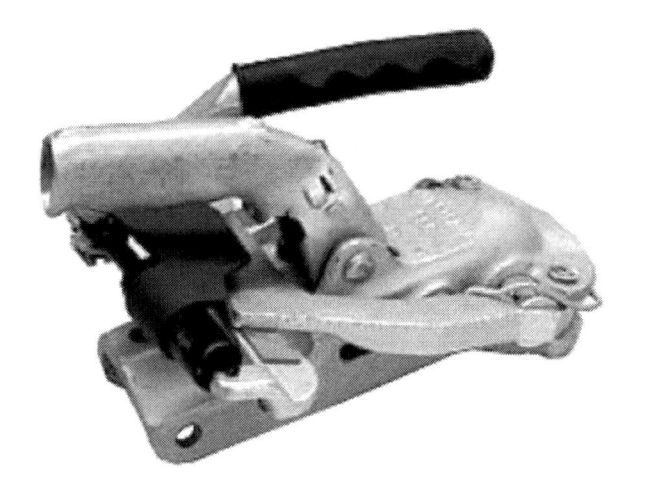

Bild 7.44
Anhängerkupplung
mit integriertem
Schlingerdämpfer

7.6 Fahrkomfort

Der Fahrkomfort umfasst die Gesamtheit aller auf die Insassen einwirkenden mechanischen und akustischen Schwingungen. Bei der subjektiven Schwingungsbeurteilung von Fahrzeugen lassen sich dominierende Frequenzbereiche gängigen Begriffen zuordnen. Naturgemäß ist dabei keine absolut klare Trennung möglich, zumal in der Regel ein Gemisch verschiedener Frequenzen gleichzeitig auftritt. Für den Fahrwerkbereich interessieren etwa folgende Schwingungsbereiche:

- Aufbauschwingungen   0,5 bis 5 Hz
- Anfedern, Reiten, Freeway-Hop 2 bis 5 Hz
- Stuckern   5 bis 15 Hz
- Zittern   15 bis 40 Hz
- Prellen   7 bis 25 Hz
- Dröhnen   30 bis 70 Hz
- Abrollakustik   30 bis 300 Hz

Die teilweise Überdeckung von Frequenzbereichen resultiert aus der dominanten Einleitungsrichtung der Störkräfte; so ist Prellen eine spürbare Reaktion mit großen Anteilen von Längsbeschleunigungen vorzugsweise nach Überfahren von Einzelhindernissen (Kanaldeckel, Kanten, Frostaufbrüchen), während die restlichen Begriffe überwiegend harmonischen Beschleunigungen in Hochrichtung zugeordnet werden können.

In Bild 7.45 sind die im Fahrzeug wahrnehmbaren Schwingungen dargestellt. Dabei ist zu beachten, dass ein großer Teil davon durch Fahrwerkmaßnahmen nicht oder nur bedingt beeinflusst werden kann. Ferner sind die Eigenfrequenzen des menschlichen Körpers interessant (Bild 7.46), da eine Anregung im Bereich dieser Eigenfrequenzen in

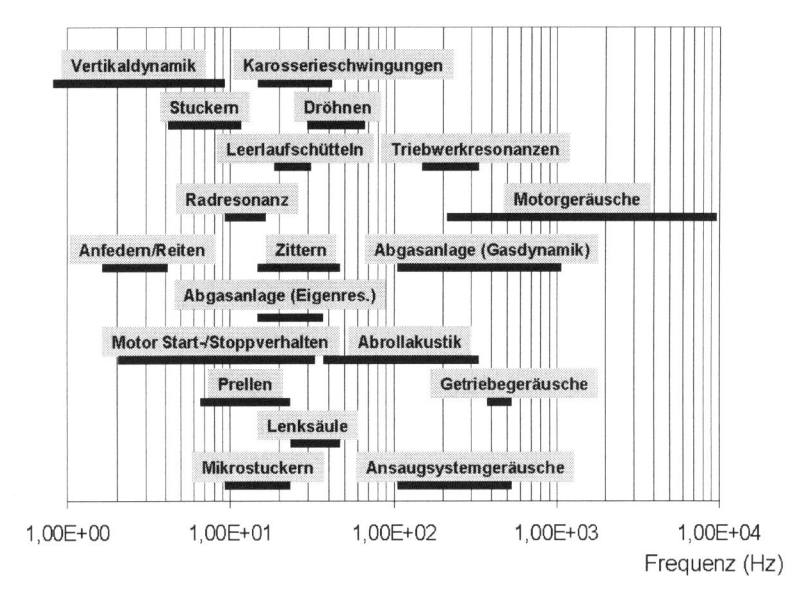

Bild 7.45 Schwingungen im Pkw

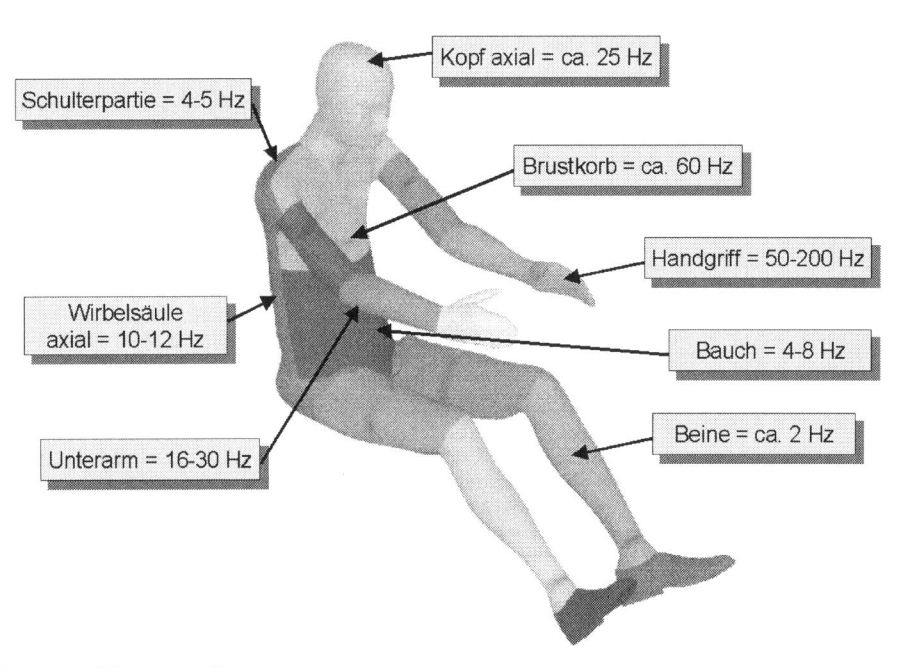

Bild 7.46 Körpereigenfrequenzen

der Regel zu einer verstärkten unangenehmen Wahrnehmung von Schwingungen und damit zu einer Minderung des Komforteindrucks führt.

Über die Wahrnehmungsempfindlichkeit des menschlichen Körpers gibt es mehrere ausgiebige wissenschaftliche Untersuchungen [58 bis 60].

Die subjektiven Fahreindrücke, insbesondere Komfortbewertungen, werden zu einem großen Teil von Geräuschen mitgeprägt [61]. Die Insassen werden mit einer Summe von Schallwellen beaufschlagt, vornehmlich Abrollgeräusche (Übertragung durch Reifen, Radlager, Achslager), Motorgeräusche (Ansaugung, Verbrennung, Mechanik, Klangbild «Motorsound»), Getriebegeräusche, Windgeräusche, Geräusche von Lüftern und Gebläsen, Knarz- und Klappergeräusche.

Im englischen Sprachraum wird der durch das Schwingungsverhalten geprägte Fahrkomfort auch durch den Begriff NVH (Noise Vibration Harshness) beschrieben, mit dem der Komforteindruck fühl- und hörbarer Schwingungen zusammengefasst wird. Ohne die Diskussion um die messtechnische Erfassung und Bewertung von fühl- und hörbaren Schwingungen vertiefen zu wollen, ist bei dem schwingungstechnischen Gesamtentwurf eines Fahrzeugs zu berücksichtigen, dass das übergeordnete Entwicklungsziel nicht allein lauten kann, die auf die Fahrzeuginsassen einwirkenden Schwingungen so weit wie möglich zu reduzieren.

Vielmehr ergibt sich je nach Positionierung des Fahrzeugs ein bevorzugtes akustisches und fühlbares Schwingungsprofil, das häufig nur in einer subjektiven Beurteilung auszulegen ist, da objektive Messgrößen nur eine unzureichende Bewertung über angenehme oder unangenehme Schwingungen oder Geräusche zulassen.

So kann ein leiser und nicht fühlbarer Motor als uninteressant und kraftlos empfunden werden, so dass die schwingungsverursachenden Komponenten wie Ansaugtrakt, Motorblock, Ventiltrieb, und Abgasanlage in ihrem akustischen Design speziell ausgelegt werden müssen.

Für das Fahrwerk eines Sportwagens ist es wichtig, dass Fahrbahnunebenheiten gezielt an den Fahrer übertragen werden, um eine gute Rückmeldung über Fahrbahnbeschaffenheit und Fahrzustand zuzulassen. Ein zu stark isolierendes Fahrwerk kann zu einem schwammigen Gesamteindruck führen, der als unangenehmer empfunden wird als eine moderate Schwingungsübertragung, die zum Fahrerlebnis eines Sportwagens beiträgt.

7.6.1 Federungskomfort

Der Federungskomfort umfasst die Bewertung des Schwingungsverhaltens im unteren Frequenzbereich. Dabei werden die auf die Insassen einwirkenden fühlbaren translatorischen und rotatorischen Schwingwege bzw. -winkel, Beschleunigungen und Beschleunigungsänderungen in Bezug auf Frequenz- und Amplitudeninhalt beurteilt. Die Beurteilung kann pauschal für zusammenhängende Streckenteile wie auch speziell für Einzelhindernisse erfolgen. Die Bewertung ist bei Limousinen sowohl vorne als auch hinten sitzend durchzuführen.

Fahrbahn: Fahrbahnen mit verkehrsüblicher Streckenführung (Stadt-, Landstraßen, Autobahnen) und Unebenheiten unterschiedlicher Wellenlängen (Mischanregung), so dass der Fahrzeugaufbau zu Federungsbewegungen unterschiedlicher Frequenz angeregt wird.

Fahrmanöver: Das Fahrzeug wird in an die Streckenführung angepasster Fahrweise mit unterschiedlichen Geschwindigkeiten (ca. 50 km/h bis v_{max}) und unterschiedlichen Beladungszuständen gefahren.

Entwicklungsziel: Die Auslegung des Federungskomforts erfolgt auf der Grundlage der im Lastenheft eines Fahrzeugs definierten Positionierung, mit der mögliche Ausprägungen wie «sportlich agil», «komfortorientiert» oder «geschmeidig kompakt» häufig in Relation zum Vorgängermodell definiert werden. Dabei müssen sich scheinbar gegensätzliche Forderungen nicht ausschließen, da es mit moderner Fahrwerktechnik unter Einbeziehung der elektronischen Fahrwerkregeltechnik möglich ist, Anforderungen nach einem komfortablen Federungsverhalten mit zugleich geringen Radlastschwankungen zu entsprechen. Mit der Positionierung des Fahrzeugs wird auch festgelegt, in welchem Umfang Schwingungsbelastungen auf die Fahrzeuginsassen akzeptiert werden, um eine gute Rückmeldung über den Fahrbahnkontakt an den Fahrer zu erreichen. Um unterschiedlichen Kundenerwartungen zu entsprechen werden meist mehrere Abstimmungsvarianten wie Normalfahrwerk, Sportfahrwerk und Komfortfahrwerk entwickelt.

Ausgangspunkt der Federungsabstimmung ist zunächst die Festlegung der Hub-Eigenschwingungszahlen an Vorder- und Hinterachse, die als Schwingzahlen meist in der Dimension Schwingungen/min angegeben werden (Bild 7.47). Übliche Werte für eine Limousine mit Normalfahrwerk und einer Achslastverteilung von 55/45% sind 65 (min^{-1}) an der Vorderachse und 75 (min^{-1}) an der Hinterachse. Die Werte für beide Achsen differieren, um Nickschwingungen zu vermeiden und das Leer-Last-Verhältnis an der Hinterachse zu berücksichtigen. In einem iterativen Abstimmungsprozess, der Zusatzfedern, Stabilisatoren und Dämpfer einschließt, können diese Werte um ±10% variiert werden. Als pauschales Entwicklungsziel gilt es, die auf die Insassen einwirkenden Beschleunigungen mit dem durch die Positionierung des Fahrzeugs vorgegebenen Gesamtcharakter in Einklang zu bringen.

Einflussgrößen: Der Federungskomfort wird durch das Zusammenspiel aller Radführungs-, Federungs- und Dämpfungselemente und der Karosserie mit Anbauteilen bestimmt.

Abstimmung von Federung, Stabilisierung, Zusatzfedern, Zuganschlagfedern und Dämpfung (Bild 7.48)

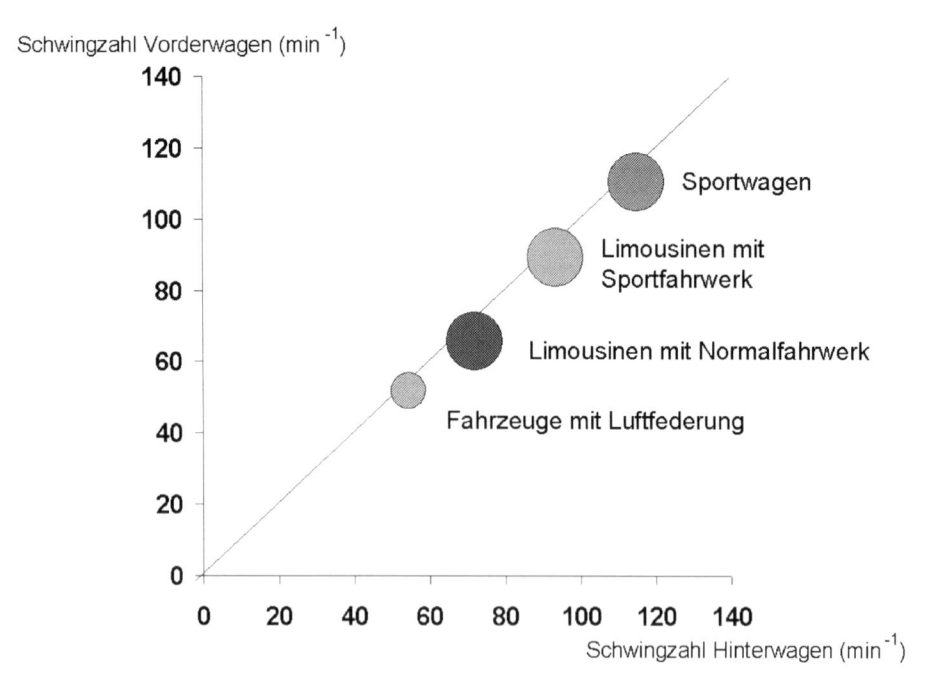

Bild 7.47   Eigenfrequenzen Hubfederung

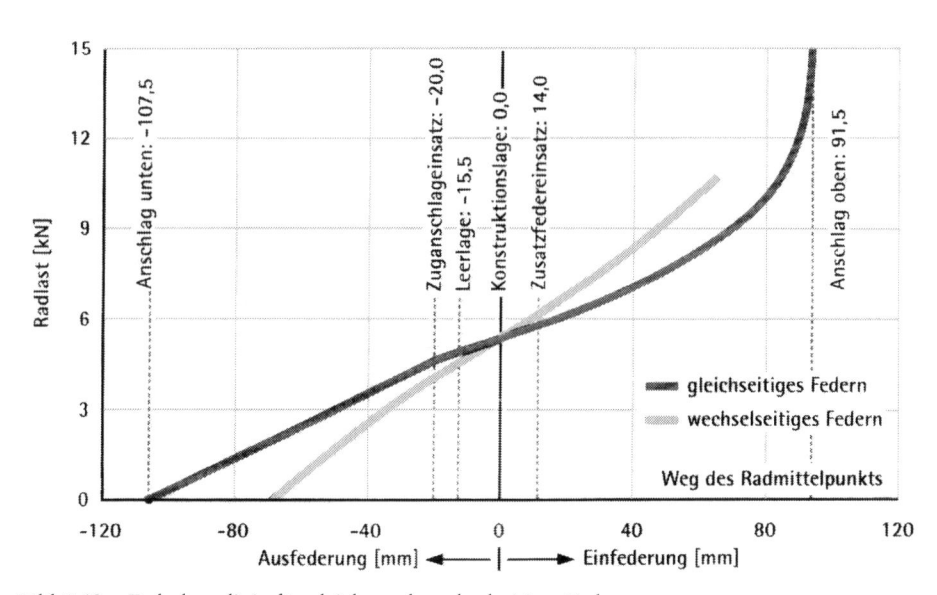

Bild 7.48   Federkennlinie für gleich- und wechselseitiges Federn

Abstimmung der Gummilager zur Radführung (Steifigkeiten, Dämpfung, Nebenfederraten)
Reibung, Losbrechkräfte der Radaufhängung
Triebwerkslagerung [62]
Lokale/globale Karosseriesteifigkeit, Dämmung und Dämpfung
Sitzfederung, Sitzdämpfung
Feder- und Dämpferübersetzung
Auslegung von elektronischen Feder- und Dämpferregelsystemen [63]

7.6.2 Nickfederverhalten

Das Nickfederverhalten wird vorn und hinten sitzend dem Auslegungszustand des Fahrzeugs entsprechend (Normalfahrwerk, Sportfahrwerk) bewertet. Dabei werden die auf die Insassen einwirkenden fühlbaren Nickwinkel und Nickbeschleunigungen in Bezug auf Frequenz- und Amplitudeninhalt sowie deren Dämpfungsverhalten beurteilt. Die Beurteilung kann pauschal für zusammenhängende Streckenteile wie auch speziell für Einzelhindernisse erfolgen.

Fahrbahn: Fahrbahnen mit verkehrsüblicher Streckenführung (Stadt-, Landstraßen, Autobahnen) und Unebenheiten unterschiedlicher Wellenlängen, so dass der Fahrzeugaufbau zu Nickschwingungen unterschiedlicher Frequenz angeregt wird. Ergänzend werden Fahrversuche auf speziell präparierten Fahrbahnen mit sinusförmiger Schwingungsanregung durchgeführt. Die Wellenlängen derartiger Fahrbahnen liegen üblicherweise zwischen 6 und 40 m.

Fahrmanöver: Das Fahrzeug wird in an die Streckenführung angepasster Fahrweise mit unterschiedlichen Geschwindigkeiten (ca. 50 km/h bis v_{max}) und unterschiedlichen Beladungszuständen gefahren.

Entwicklungsziel: Pauschal gilt, die auf die Insassen einwirkenden Nickwinkel und -beschleunigungen bei Erhalt einer sicheren Fahrzeugführung so weit wie möglich zu reduzieren. Das Fahrzeug sollte bei langwelliger Anregung durch Bodenwellen parallel ausschwingen. Nickschwingungen sollten möglichst nach einer Schwingungsperiode abgeklungen sein.

Einflussgrößen: Abstimmung von Federung, Stabilisierung, Zusatzfedern, Zuganschlagfedern und Dämpfung
Konstruktive Ein- und Ausfederwege
Auslegung von Nickausgleichsfedern, falls vorhanden
Fahrzeugkonzept
 Sitzposition in Höhe und Abstand zu den Achsen
Auslegung von elektronischen Feder- und Dämpferregelsystemen

7.6.3 Wankfederverhalten

Das Wankfederverhalten wird vorn und hinten sitzend dem Auslegungszustand des Fahrzeugs entsprechend (Normalfahrwerk, Sportfahrwerk) bewertet. Dabei werden die auf die Insassen einwirkenden fühlbaren Wankwinkel und Wankbeschleunigungen in Bezug auf Frequenz- und Amplitudeninhalt sowie deren Dämpfungsverhalten beurteilt. Die Beurteilung kann pauschal für zusammenhängende Streckenteile wie auch speziell für Einzelhindernisse erfolgen.

Fahrbahn: Fahrbahnen mit verkehrsüblicher Streckenführung (Stadt-, Landstraßen, Autobahnen) und Unebenheiten unterschiedlicher Wellenlängen, so dass der Fahrzeugaufbau zu Wankbewegungen unterschiedlicher Frequenz angeregt wird.

Fahrmanöver: Das Fahrzeug wird in an die Streckenführung angepasster Fahrweise mit unterschiedlichen Geschwindigkeiten (ca. 50 km/h bis v_{max}) und unterschiedlichen Beladungszuständen gefahren.

Entwicklungsziel: Das Wankfederverhalten wird durch das Zusammenspiel aller Radführungs-, Federungs- und Dämpfungselemente bestimmt. Als Federungselemente müssen die Tragfedern, Stabilisatoren, u.U. Ausgleichsfedern und Zusatzfedern unter Berücksichtigung der durch Gummilager verursachten Nebenfederraten, der in der Radführung vorhandenen Reibung und der Dämpfereinstellung abgestimmt werden. Als pauschales Entwicklungsziel gilt es, die während der Fahrt auftretenden Wankwinkel und Wankbeschleunigungen bei Erhalt einer sicheren Fahrzeugführung so weit wie möglich zu reduzieren. Dabei muss der Auslegungskompromiss zwischen einer guten Abfederung bei einseitig auftretenden Bodenwellen und einer straffen Führung des Aufbaus bei schnellen Lenkmanövern getroffen werden. Bei zu starker Stabilisierung wird das Fahrzeug auf unebenen Fahrbahnen zu schnell gedreht. Bei zu geringer Stabilisierung taumelt es bei schnellen Lenkmanövern. Wankanregungen sollten nach Abklingen der Störung nicht spürbar nachschwingen (siehe auch Abschnitte 7.6.1 und 7.6.4).

Einflussgrößen: Abstimmung von Federung, Stabilisierung, Zusatzfedern, Zuganschlagfedern und Dämpfung
Konstruktive Ein- und Ausfederwege
Auslegung von Wank-Ausgleichsfedern, falls vorhanden
Lage Wankachse und deren Änderung beim Federn
Auslegung von elektronischen Feder- und Dämpferregelsystemen

7.6.4 Aufbaudämpfung

Das Dämpfungsverhalten des Aufbaus wird vorn und hinten sitzend dem Auslegungszustand des Fahrzeugs entsprechend (Normalfahrwerk, Sportfahrwerk) bewertet. Dabei wird das Ausschwingen nach einer Schwingungsanregung für die von den Insassen fühlbaren translatorischen und rotatorischen Schwingwege bzw. -winkel, Beschleunigungen und Beschleunigungsänderung beurteilt. Die Beurteilung kann pauschal für zusammenhängende Streckenteile wie auch speziell für Einzelhindernisse erfolgen.

Fahrbahn: Fahrbahnen mit verkehrsüblicher Streckenführung (Stadt-, Landstraßen, Autobahnen) und Unebenheiten unterschiedlicher Wellenlängen, so dass der Fahrzeugaufbau zu Federbewegungen unterschiedlicher Frequenz angeregt wird. Ergänzend werden Fahrversuche auf speziell präparierten Fahrbahnen mit sinusförmiger Schwingungsanregung durchgeführt.

Fahrmanöver: Das Fahrzeug wird in an die Streckenführung angepasster Fahrweise mit unterschiedlichen Geschwindigkeiten (ca. 50 km/h bis v_{max}) und unterschiedlichen Beladungszuständen gefahren.

Entwicklungsziel: Das Dämpfungsverhalten wird durch das Zusammenspiel aller Radführungs-, Federungs- und Dämpfungselemente bestimmt. Die Schwingungsdämpfer müssen in Abstimmung mit den Federraten der Tragfedern, Stabilisatoren, u.U. Ausgleichsfedern und Zusatzfedern unter Berücksichtigung der durch Gummilager verursachten Nebenfederraten und der in der Radführung vorhandenen Reibung ausgelegt werden.

Eine besondere Bedeutung haben dabei die Kennfelder der verwendeten Stoßdämpfer. Zur Abstimmung dieser Dämpfkraftkennungen verwendet man üblicherweise standardisierte Prüfmaschinen (Bild 7.49). Um die Abstimmung an unterschiedlichen Teilstrecken zu erleichtern, sind die Prüfstände häufig in mobilen Mess- und Einstelltrucks montiert. Dabei werden die Dämpfelemente im Dämpfer (z.B. Drosselquerschnitte, Ventileinstellungen, Federvorspannungen; Bild 7.50) schrittweise variiert, die entsprechende Dämpfkraftkennlinie wird auf der Prüfmaschine gemessen und danach die gewählte Einstellung im Fahrzeug beurteilt. Bild 7.51 zeigt beispielhaft Dämpferkennungen von zwei unterschiedlichen Dämpfern (HA1/HA2) in der Darstellung als Kraft-Kolbengeschwindigkeits-Verlauf. Die Aufbaudämpfung wird im Wesentlichen durch die Dämpfkräfte bei niederen Dämpfergeschwindigkeiten bestimmt (bei einer Dämpferübersetzung nahe $i \sim 1$: 0,052 bis 0,26 m/s). Als pauschales Entwicklungsziel gilt es, die auf die Insassen einwirkenden Beschleunigungen so gering wie möglich zu halten, jedoch ein übermäßiges Nachschwingen zum Erhalt einer

Bild 7.49   Dämpferprüfstand

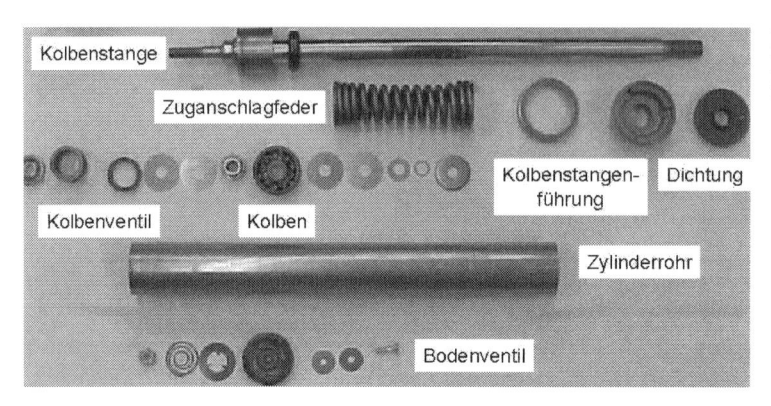

Bild 7.50
Dämpferinnenteile

sicheren Fahrzeugführung zu vermeiden. Das Fahrzeug sollte bei langwelliger Anregung durch Bodenwellen parallel ausschwingen. Die Aufbaubewegung sollte möglichst nach einer Schwingungsperiode abgeklungen sein (siehe auch Abschnitte 7.6.1 und 7.6.5).

Bild 7.51
Dämpfkraftkennung

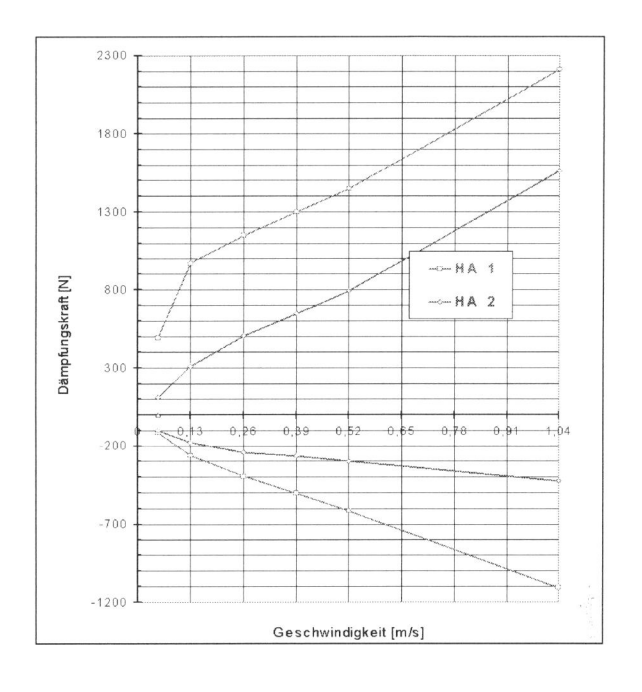

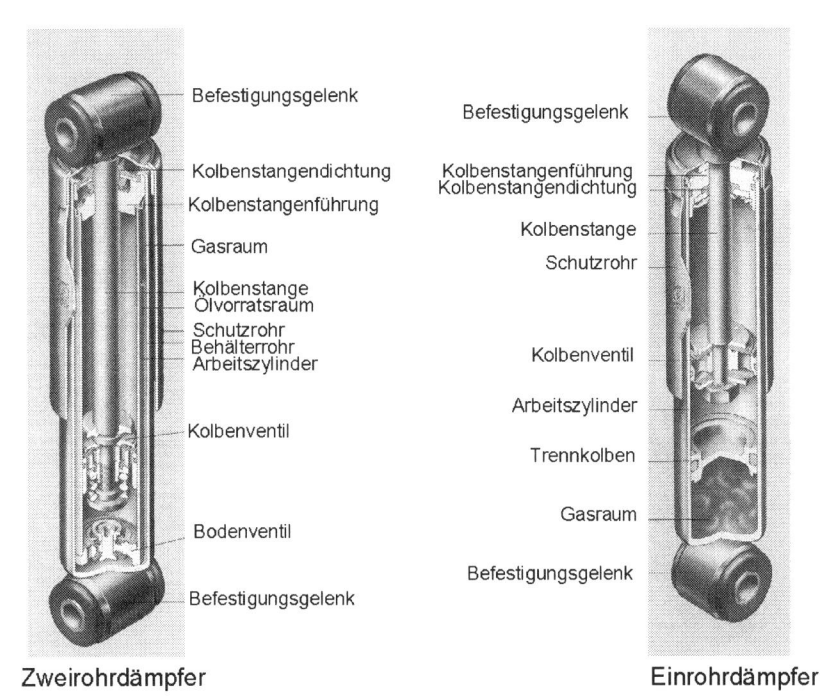

Bild 7.52   Dämpferaufbau Einrohr-Zweirohr-Konzept

Zweirohrdämpfer — Befestigungsgelenk, Kolbenstangendichtung, Kolbenstangenführung, Gasraum, Kolbenstange, Ölvorratsraum, Schutzrohr, Behälterrohr, Arbeitszylinder, Kolbenventil, Bodenventil, Befestigungsgelenk

Einrohrdämpfer — Befestigungsgelenk, Kolbenstangenführung, Kolbenstangendichtung, Kolbenstange, Schutzrohr, Kolbenventil, Arbeitszylinder, Trennkolben, Gasraum, Befestigungsgelenk

123

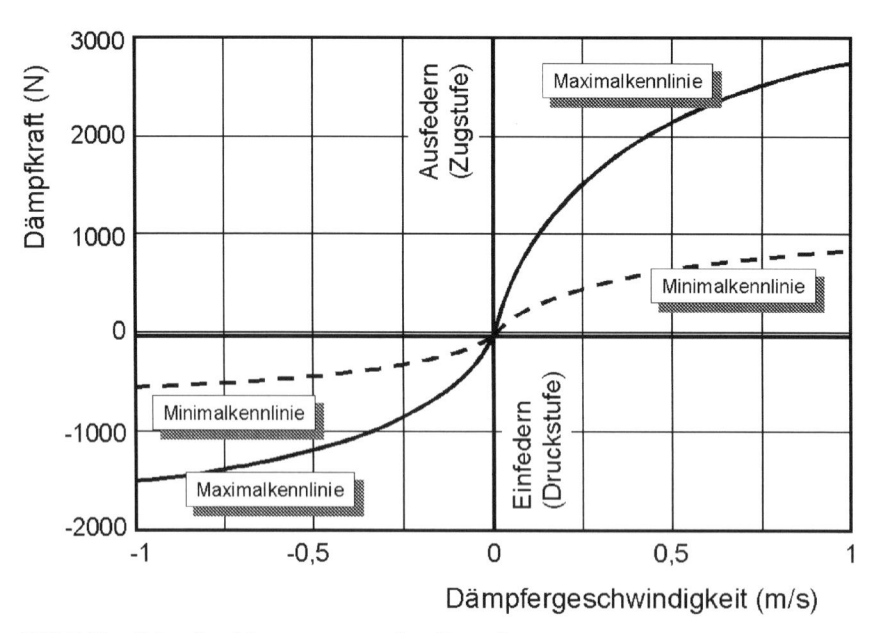

Bild 7.53   Dämpfkraftkennung geregelter Dämpfer

Einflussgrößen: Abstimmung von Federung, Stabilisierung, Zusatzfedern, Zuganschlagfedern und Dämpfung
Konstruktive Ein- und Ausfederwege
Ventilsystem im Dämpfer (Gestaltungsmöglichkeiten der Dämpfkraftkennung)
Dämpferkonzept (Einrohr-, Zweirohrdämpfer, Bild 7.52)
Auslegung von elektronischen Feder- und Dämpferregelsystemen (Verstellbereich eines geregelten Dämpfers beispielhaft in Bild 7.53)

7.6.5   Abrollkomfort

Unter dem Begriff Abrollkomfort wird der Komforteindruck der Fahrzeuginsassen unter dem Einfluss fühlbarer Vibrationen im Frequenzbereich von 4 bis 20 Hz zusammengefasst. Diese Schwingungen werden über Bodenblech, Sitze und Lenkrad an die Insassen übertragen und auf ebener Fahrbahn als Vibrationen oder Kribbeln, auf unebener Fahrbahn als Stößigkeit empfunden. Die Beurteilung kann pauschal für zusammenhängende Streckenteile wie auch speziell für Einzelhindernisse erfolgen.

Fahrbahn: Fahrbahnen mit verkehrsüblicher Streckenführung (Stadt-, Landstraßen, Autobahnen) und Unebenheiten unterschiedlicher Wellen-

Bild 7.54
Abrollstrecke Idiada

längen, so dass höherfrequente Rad- und Aufbaubewegungen induziert werden. Die Fahrbahn sollte Streckenteile mit Flickasphalt, Kanaldeckeln, Querfugen positiv und negativ, Waschbrett, Rauasphalt usw. enthalten (Bild 7.54).

Fahrmanöver: Das Fahrzeug wird in an die Streckenführung angepasster Fahrweise mit unterschiedlichen Geschwindigkeiten (ca. 20 km/h bis v_{max}) gefahren.

Entwicklungsziel: Als pauschales Entwicklungsziel gilt es, die auf die Insassen einwirkenden höherfrequenten Beschleunigungen so gering wie möglich zu halten, jedoch ist ein übermäßiges Nachschwingen oder Springen der Räder zu vermeiden (siehe auch Abschnitte 7.6.1, 7.6.4 und 7.6.7).

Einflussgrößen: Der Abrollkomfort wird durch das Zusammenspiel aller Radführungs-, Federungs- und Dämpfungselemente und das Schwingungsverhalten der Karosserie bestimmt.
Abstimmung von Federung, Stabilisierung und Dämpfung
Abstimmung der Gummilager zur Radführung (Steifigkeiten, Dämpfung, Nebenfederraten)
Reibung, Losbrechkräfte der Radaufhängung
Triebwerkslagerung
Lokale/globale Karosseriesteifigkeit, Dämmung und Dämpfung
Sitzfederung, Sitzdämpfung
Auslegung von elektronischen Feder- und Dämpferregelsystemen
Reifeneigenschaften (Dimensionierung von Rad und Reifen, Kenngrößen wie z.B. Federungs- und Dämpfungsverhalten)
Ungefederte Massen [64]

7.6.6 Rauigkeit (Harshness)

Mit Rauigkeit werden die im Grenzbereich zwischen Hören und Fühlen auf die Insassen einwirkenden Schwingungen (Frequenzbereich 20 bis 50 Hz) zusammengefasst. Die Rauigkeit wird vorn und hinten sitzend dem Auslegungszustand des Fahrzeugs entsprechend (Normalfahrwerk, Sportfahrwerk) bewertet. Dabei werden die auf die Insassen einwirkenden hör- und fühlbaren Schwingungen, die über Luft- und Körperschall abgestrahlt werden, in Bezug auf Frequenz- und Amplitudeninhalt beurteilt. Die Beurteilung kann pauschal für zusammenhängende Streckenteile wie auch speziell für Einzelhindernisse erfolgen.

Fahrbahn: Fahrbahnen mit verkehrsüblicher Streckenführung (Stadt-, Landstraßen, Autobahnen) und folgenden Oberflächen:
- grobkörnige Asphaltfahrbahn
- ebene Fahrbahnoberflächen mit kleinkörnigen Verunreinigungen
- Asphaltfahrbahn mit gefrästen Rillen (siehe Bild 6.18)

Fahrmanöver: Das Fahrzeug wird in an die Streckenführung angepasster Fahrweise mit unterschiedlichen Geschwindigkeiten (ca. 20 km/h bis v_{max}) und in verschiedenen Lastzuständen (Zug, Teillast, Schub) gefahren. Auf längeren gleichförmigen Strecken können auch Ausrollversuche vorgenommen werden, um Geschwindigkeiten mit hohen Schwingungspegeln zu erfassen. Bei derartigen Versuchen wird das Fahrzeug vor Einfahrt in die Abrollstrecke auf eine gleichmäßige Geschwindigkeit (z.B. 100 km/h) gebracht. Danach sollte das Fahrzeug bis ca. 20 km/h in ausgekuppeltem Zustand ausrollen.

Entwicklungsziel: Als pauschales Entwicklungsziel gilt es, die von den Insassen hörbaren und fühlbaren Schwingungspegel so niedrig wie möglich zu halten (siehe auch Abschnitte 7.6.1 und 7.6.5). Erfahrungsgemäß wird ein Fahrzeug mit gutem Harshnessverhalten als geschmeidig im Abrollen und gut isoliert empfunden.

Einflussgrößen: Das Harshnessverhalten wird durch das Zusammenspiel aller Radführungs-, Federungs- und Dämpfungselemente und den Steifigkeiten der Karosse mit Anbauteilen und deren Geräuschdämm-Maßnahmen bestimmt.
Abstimmung der Gummilager zur Radführung (Steifigkeiten, Dämpfung, Nebenfederraten)
Ausführung der Anlenkung für Feder- und Dämpferelemente (Bild 7.55)
Reibung, Losbrechkräfte der Radaufhängung
Lokale/globale Karosseriesteifigkeit, Dämmung und Dämpfung
Auslegung von elektronischen Feder- und Dämpferregelsystemen

Bild 7.55
Federunterlage und Dämpferlager
aus Zellpolyurethan

Reifeneigenschaften (Dimensionierung von Rad und Reifen, Kenngrößen wie z.B. Federungs- und Dämpfungsverhalten)

7.6.7 Abrollgeräusch

Das Abrollgeräusch wird vorn und hinten sitzend dem Auslegungszustand des Fahrzeugs entsprechend (Normalfahrwerk, Sportfahrwerk) bewertet. Dabei werden die auf die Insassen einwirkenden Geräusche, die über Luft- und Körperschall abgestrahlt werden, in Bezug auf Frequenz- und Amplitudeninhalt beurteilt. Die Beurteilung kann pauschal für zusammenhängende Streckenteile wie auch speziell für Einzelhindernisse erfolgen.

Fahrbahn: Fahrbahnen mit verkehrsüblicher Streckenführung (Stadt-, Landstraßen, Autobahnen) und Unebenheiten unterschiedlicher Wellenlängen, so dass höherfrequente Rad- und Aufbaubewegungen induziert werden. Die Fahrbahn sollte Streckenteile mit Flickasphalt (Bild 6.15), Kanaldeckeln, Querfugen positiv und negativ (Bild 6.16), Waschbrett, Rauasphalt, Kopfsteinpflaster usw. enthalten.

Fahrmanöver: Das Fahrzeug wird in an die Streckenführung angepasster Fahrweise mit unterschiedlichen Geschwindigkeiten (ca. 20 km/h bis

Bild 7.56 Akustik, Zielkonflikte

v_{max}) gefahren. Auf längeren gleichförmigen Strecken können auch Ausrollversuche vorgenommen werden, um Geschwindigkeiten mit hohen Geräuschpegeln zu erfassen. Bei derartigen Versuchen wird das Fahrzeug vor Einfahrt in die Abrollstrecke auf eine gleichmäßige Geschwindigkeit (z.B. 100 km/h) gebracht. Danach sollte das Fahrzeug bis ca. 20 km/h in ausgekuppeltem Zustand ausrollen.

Entwicklungsziel: Als pauschales Entwicklungsziel gilt es, die von den Insassen wahrnehmbaren Geräusche so niedrig wie möglich zu halten (siehe auch Abschnitte 7.6.1 und 7.6.5).

Einflussgrößen: Das Abrollgeräusch wird durch das Zusammenspiel aller Radführungs-, Federungs- und Dämpfungselemente und den Steifigkeiten der Karosse mit Anbauteilen und deren Geräuschdämm-Maßnahmen bestimmt. Häufig ergeben sich bei der Optimierung der akustischen Eigenschaften Zielkonflikte (Bild 7.56).

Abstimmung der Gummilager zur Radführung (Steifigkeiten, Dämpfung, Nebenfederraten)

Reibung, Losbrechkräfte der Radaufhängung

Lokale/globale Karosseriesteifigkeit, Dämmung und Dämpfung

Reifeneigenschaften (Dimensionierung von Rad und Reifen, Kenn-

größen wie z.B. Federungs- und Dämpfungsverhalten)
Lagerung des Antriebsstrangs, Gelenkwellen [65]

7.6.8 Kantenempfindlichkeit

Die Empfindlichkeit beim Überfahren von Einzelhindernissen wird vorn und hinten sitzend dem Auslegungszustand (Normalfahrwerk, Sportfahrwerk) entsprechend bewertet. Dabei werden die bei Kantenüberfahrt von den Insassen wahrnehmbaren Geräusche und die spürbaren Beschleunigungen in Relation zu den Pegeln der ungestörten Fahrt beurteilt.

Fahrbahn: Fahrbahnen mit verkehrsüblicher Streckenführung (Stadt-, Landstraßen, Autobahnen) oder spezielle gerade ebene Testfahrbahnen mit einzelnen oder aufeinander folgenden positiven und negativen Kanten, wie z.B. Stoßfugen bei Betonplatten-Oberflächen, erhabene und abgesenkte Kanaldeckel, Fahrbahnausbrüche, Brücken-Stoßkanten (Bild 7.57), Flickasphalt (Bild 6.15).

Fahrmanöver: Das Fahrzeug wird mit an die Streckenführung angepasster Fahrweise mit unterschiedlichen Geschwindigkeiten (ca. 20 km/h bis v_{max}) gefahren.

Entwicklungsziel: Als pauschales Entwicklungsziel gilt es, die von den Insassen hörbaren Geräuschpegel und die spürbaren Beschleunigungen so niedrig wie möglich zu halten (siehe auch Abschnitte 7.6.1, 7.6.5 und 7.6.6). Dabei ist zu berücksichtigen, dass der Komforteindruck eines Fahrzeugs in starkem Maß durch die Wahrnehmung von Ein-

Bild 7.57
Brückenstoßkante

zelhindernissen geprägt wird. Ein insgesamt guter Komforteindruck wird durch eine hohe Kantenempfindlichkeit übermäßig beeinträchtigt.

Einflussgrößen: Die Kantenempfindlichkeit wird durch das Zusammenspiel aller Radführungs-, Federungs-, Dämpfungselemente und das Schwingungsverhalten der Karosserie bestimmt.
Abstimmung der Gummilager zur Radführung (Steifigkeiten, Dämpfung, Nebenfederraten)
Reibung, Losbrechkräfte der Radaufhängung
Abstimmung von Federung und Dämpfung
Auslegung von elektronischen Feder- und Dämpferregelsystemen
Lokale/globale Karosseriesteifigkeit, Dämmung und Dämpfung
Lenksäulensteifigkeit
Sitzfederung, Sitzdämpfung
Reifeneigenschaften (Dimensionierung von Rad und Reifen, Kenngrößen wie z.B. Federungs- und Dämpfungsverhalten)
Triebwerkslagerung

7.6.9 Dröhnen

Als Dröhnen werden lang anhaltende, stark störende Schwingungsüberhöhungen im Frequenzbereich zwischen 30 und 70 Hz bezeichnet, die den akustischen Komfort durch den subjektiven Eindruck stehender Wellen erheblich beeinträchtigen können. Die Überprüfung auf Dröhngeräusche erfolgt vorn und hinten sitzend.

Fahrbahn: Fahrbahnen mit verkehrsüblicher Streckenführung (Stadt-, Landstraßen, Autobahnen) und Unebenheiten unterschiedlicher Wellenlängen, so dass höherfrequente Rad- und Aufbaubewegungen induziert werden. Es sind Streckenanteile mit Flickasphalt, Kanaldeckeln, erhabene und vertiefte Querfugen, Kopfsteinpflaster verschiedener Formatgrößen, Rauasphalt und Waschbrett erforderlich.

Fahrmanöver: Befahren der Strecken mit unterschiedlichen Geschwindigkeiten von 20 km/h bis v_{max}; nach Möglichkeit auch Ausrollversuche aus höheren Geschwindigkeiten bis nahezu Stillstand

Entwicklungsziel: Das Fahrzeug sollte keinerlei störende Dröhngeräusche aufweisen.

Einflussgrößen: Pauschal alle Isolierelemente zwischen Fahrbahn und Insassen, wie Reifen, Gummilager der Radaufhängung (Steifigkeiten, Volumen), Federung, Dämpfung, Feder- und Dämpferlagerung
Lokale/globale Karosseriesteifigkeit, Dämmung und Dämpfung
Steifigkeit und Isolierung der Rohbauteile wie Türen, Klappen, Verglasung

Karosserieform (Limousine, Kombi, Cabrio)
Reifeneigenschaften (Dimensionierung von Rad und Reifen, Kenngrößen wie z.B. Federungs- und Dämpfungsverhalten)

7.6.10 Dämpferpoltern

Es ist zu überprüfen, ob auffällige Geräuschspitzen («Poltern») das normale Rollgeräusch übertönen.

Fahrbahn: Stadt- und Landstraßen schlechter Oberflächengüte, vorzugsweise mit Flickasphalt, Schlaglöchern, Querfugen; ferner unbefestigte Wege und befahrbare Grasflächen (zur Absorption der Rollgeräusche)

Fahrmanöver: Bevorzugt Schrittgeschwindigkeit und Langsamfahrt bis 40 km/h

Entwicklungsziel: Es dürfen keine störenden Poltergeräusche hörbar sein.

Einflussgrößen: Dämpferpoltern kann unterschiedlichste Ursachen haben, wie beispielsweise hohe Reibung/Losbrechkräfte, hydraulische Kavitation, übertragungsempfindliche Anlenkpunkte der Radaufhängung an der Karosserie. Entsprechend groß ist die Auswahl möglicher Abhilfemaßnahmen, deshalb nur die wichtigsten:
Hydraulische Kraftschlüssigkeit der Dämpfer (Ventilsystem)
Reibung und Losbrechkraft von Radaufhängung und Dämpfer
Lokale Karosseriesteifigkeiten im Bereich der Achs- und Dämpferanlenkung
Dämpferlagerung
Außentemperatur

7.6.11 Prellen

Beurteilt wird das Nachschwingen von Rädern und Achsbauteilen beim Überfahren von Einzelhindernissen. Dabei interessiert besonders der Frequenzbereich zwischen 7 und 25 Hz.

Fahrbahn: Gerade Fahrbahnen mit überwiegend homogener Oberfläche, in der sich Einzelhindernisse (Querfugen, Kanaldeckel, Brückendehnfugen, Bahnübergänge, Bild 7.58) befinden.

Fahrmanöver: Die Strecken werden mit unterschiedlichen Geschwindigkeiten im Bereich etwa zwischen 50 und 150 km/h befahren.

Entwicklungsziel: Störende Nachschwingungen (Prellen) an Rädern und Achsbauteilen sollen nicht wahrnehmbar sein.

Einflussgrößen: Prellerscheinungen sind i.d.R. auf unzureichende Dämpfung bzw. zu große Wege von schweren Bauteilen zurückzuführen.

Bild 7.58
Bahnübergang

Mögliche Einflüsse:
Größe der ungefederten Massen der Radaufhängung
Abstimmung von Federung und Dämpfung (besonders Raddämpfung)
Auslegung von Steifigkeiten, Wegen, Eigendämpfung der Achs- und Dämpferlagerung [66]
Differentiallagerung
Auslegung von elektronischen Feder- und Dämpferregelsystemen

7.6.12 Schluckvermögen

Auf Streckenabschnitten mittlerer Oberflächengüte sind häufig klein- und mittelwellige Anregungen enthalten. Diese Unebenheiten sollten von der Federung des Fahrzeugs nicht an die Insassen weitergeleitet werden. Der Begriff des Schluckvermögens beschreibt das Isolationsvermögen von Federung und Dämpfung bezüglich der auf die Insassen wirkenden Beschleunigungen.

Fahrbahn: Stadt- und Landstraßen mittlerer Oberflächengüte, vorzugsweise mit klein- bis mittelwelliger Anregung (auch Flickasphalt)

Fahrmanöver: Die Strecken werden mit unterschiedlichen Geschwindigkeiten befahren. Diese liegen abhängig vom Streckenverlauf im Bereich zwischen 50 und 150 km/h.

Entwicklungsziel:	Störende Beschleunigungen oder Stöße sollten durch eine fein ansprechende Federung möglichst von den Insassen ferngehalten werden, ohne dass sich große Karosseriebewegungen einstellen.
Einflussgrößen:	Abstimmung von Federung, Stabilisierung, Zusatzfedern und Dämpfung
	Reibung, Losbrechkräfte in der Radaufhängung
	Auslegung von elektronischen Feder- und Dämpferregelsystemen

7.6.13 Aushängen

Auf Streckenverläufen mit großen Bodenwellen können je nach Fahrzustand die Federwege voll ausgenützt werden. Der Begriff Aushängen beschreibt dabei das Ausfederverhalten unter diesen Bedingungen. Zu beurteilen ist, ob und unter welchen Bedingungen die Räder abheben, ob Geräusche und Beschleunigungsspitzen auftreten und ob die Fahrstabilität beeinträchtigt wird.

Fahrbahn:	Strecken mit vorzugsweise großen Bodenwellen, wellige Landstraßen (Bild 6.14), Handlingkurs, evtl. mit Sprunghügel oder Rennstrecken wie Nürburgring
Fahrmanöver:	Die kritischen Streckenabschnitte werden so durchfahren, dass es zum Freiwerden oder Abheben der Räder kommt. Die Strecken sind so auszuwählen, dass der gesamte Geschwindigkeitsbereich von 30 km/h bis v_{max} untersucht werden kann.
Entwicklungsziel:	Die Räder dürfen bei kundenrelevantem Fahrbetrieb auf Bodenwellen nicht den Fahrbahnkontakt verlieren. Bei schnellerer Fahrweise kann es zum Abheben der Räder kommen, dabei sollten jedoch weder Abhebegeräusche noch Beschleunigungsspitzen wahrnehmbar sein. Kursabweichungen dürfen sich nicht einstellen.
Einflussgrößen:	Konstruktive Ausfederwege
	Abstimmung von Federung und Dämpfung
	Konstruktive Ausführung der Ausfederanschläge (Elastomere, Zuganschlagfedern, hydraulische Anschläge)
	Auslegung von elektronischen Feder- und Dämpferregelsystemen

7.6.14 Puffereinsatz

Auf großen Bodenwellen oder Senken können je nach Fahrzustand und Beladung die Federwege voll ausgenützt werden. Bei der Beurteilung des Puffereinsatzes wird das Einfederverhalten unter diesen Bedingungen beobachtet. Zu beurteilen sind auftretende Bewegungen an Sitz und Aufbau hinsichtlich Schwingwegen und Beschleunigungen. Insbesondere ist zu beurteilen, wie der Einfedervorgang in den Endlagen des Federwegs abgefangen wird und ob dabei Kursabweichungen auftreten.

Bild 7.59
Zusatzfedern aus
Zellpolyurethan

Fahrbahn:	Strecken mit vorzugsweise großen Bodenwellen und Senken, wellige Landstraßen (Bild 6.14), Handlingkurs, evtl. mit Sprunghügel oder Rennstrecken wie Nürburgring
Fahrmanöver:	Die Strecken werden so befahren, dass es zu großen Aufbaubewegungen kommt. Die Streckenabschnitte sind so auszuwählen, dass der gesamte Geschwindigkeitsbereich von 30 km/h bis v_{max} untersucht werden kann. Wichtig ist speziell bei dieser Disziplin, das Fahrzeug neben der Teilbeladung auch mit hoher Zuladung zu beurteilen.
Entwicklungsziel:	Große Einfederbewegungen müssen harmonisch abgefangen werden, das Eingreifen von Zusatzfedern soll möglichst nicht wahrnehmbar sein, spürbare Kraftspitzen sind unerwünscht («Stauchen»).
Einflussgrößen:	Abstimmung von Federung und Dämpfung Statische und dynamische Kennung der Zusatzfedern bzw. Einfederanschläge Werkstoffauswahl der Zusatzfedern (z.B. Gummi, Zellpolyurethan, Bild 7.59) Konstruktive Einfederwege Zulässige Zuladung Auslegung von elektronischen Feder- und Dämpferregelsystemen

7.6.15 Zurückwerfen

Beim Befahren von großen Bodenwellen oder Senken können je nach Fahrzustand und Beladung die Einfederwege voll ausgenützt werden. Bei der Beurteilung des Zurückwerfens wird das Schwingverhalten nach dem Erreichen der maximalen Einfederung unter diesen Bedingungen beobachtet. Zu beurteilen sind dabei auftretende Hubbewegungen der Karosserie hinsichtlich Schwingwegen und Beschleunigungen sowie die am Sitz wahrnehmbaren Beschleunigungen.

Fahrbahn: Strecken mit vorzugsweise großen Bodenwellen, wellige Landstraßen (Bild 6.14), Handlingkurs, evtl. mit Sprunghügel oder Rennstrecken wie Nürburgring, Bahnübergänge mit überhöhter Gleisführung (Bild 7.60)

Fahrmanöver: Die Streckenabschnitte werden so befahren, dass es zu großen Aufbaubewegungen kommt. Die Streckenabschnitte sind so auszuwählen, dass der gesamte Geschwindigkeitsbereich von 30 km/h bis v_{max} untersucht werden kann. Das Fahrzeug wird neben der Teilbeladung auch mit hoher Zuladung bewertet.

Entwicklungsziel: Große, schnelle Ausfederbewegungen und deutlich spürbare Kraftspitzen nach dem Einfedern sind unerwünscht. Insbesondere ist beim tiefen Durchfedern zu vermeiden, dass der Übergang vom Ein- zum Ausfedern zu heftig erfolgt («Katapult-Effekt»).

Einflussgrößen: Abstimmung von Federung und Dämpfung (bes. Zugdämpfung)
Statische und dynamische Kennung der Zusatzfedern bzw. Einfederanschläge
Werkstoffauswahl der Zusatzfedern (z.B. Gummi, Zellpolyurethan, Bild 7.59)
Konstruktive Einfeder- und Ausfederwege
Zulässige Zuladung
Auslegung von elektronischen Feder- und Dämpferregelsystemen

Bild 7.60
Unebener Bahnübergang

7.6.16 Reiten/Freeway-Hop

Auf bestimmten Streckenabschnitten kann es infolge von Baufehlern (Asphaltfahrbahnen), Verschleiß oder Setzerscheinungen an Stoßfugen (Betonplattenbauweise) zu periodischen Schwingungsanregungen des Fahrzeugs kommen, die zu lästigen Resonanzschwingungen der Insassen auf dem Sitz führen können. Dabei kann der Eindruck entstehen, dass die Fahrbahnunebenheiten eher verstärkt als gedämpft werden. Beurteilt wird das Isolationsverhalten (Beschleunigung, Dämpfung) zwischen Fahrbahn und Insassen bei harmonischer Fahrbahnanregung (Frequenzbereich 2 bis 5 Hz).

Fahrbahn: Ebene gerade Landstraßen oder Autobahnen, die infolge von Baufehlern über eine längere Fahrstrecke (mind. 300 m) eine gleichmäßige, langwellige Sinusanregung kleiner Amplitude darstellen. Speziell aus USA (z.B. Großraum Los Angeles) sind Fahrbahnabschnitte auf Free- und Highways bekannt, die in Betonplatten-Bauweise bei Längen zwischen 3 und 5 m regelmäßige Plattenabsenkungen von ca. 10 mm besitzen (Bild 7.61).

Fahrmanöver: Die Strecke wird mit unterschiedlichen Geschwindigkeiten je nach Anregung zwischen 60 km/h und v_{max} befahren. Es ist nach Fahrzuständen zu suchen, die störende Resonanzschwingungen besonders in Hochrichtung auslösen.

Entwicklungsziel: Durch gutes Federungsansprechen sollten auch minimale sinusähnliche Fahrbahnanregungen sowie periodisch auftretende Rechteckimpulse keine störenden Resonanzerscheinungen bei den Passagieren auslösen (z.B. Reiten/Hüpfen auf dem Sitz).

Einflussgrößen: Reibung, Losbrechkräfte der Radaufhängung
Abstimmung von Federung und Dämpfung
Dämpferlagerung (Steifigkeiten, Wege)

Bild 7.61 Fahrbahn mit Highway-Hop-Anregung

Auslegung von elektronischen Feder- und Dämpferregelsystemen
Abstimmung der Triebwerklagerung
Federungs- und Dämpfungsverhalten der Sitze

7.6.17 Anfedern/Kopieren

Durch Fahrbahnverwerfungen können klein- und mittelwellige aperiodische Fahrzeuganregungen entstehen. Unter den Begriffen Anfedern und Kopieren wird beurteilt, ob die Federung des Fahrzeugs bei dieser Fahrbahnwelligkeit anspricht oder ob der Fahrzeugaufbau dem Oberflächenverlauf folgt, ohne zu federn («kopieren»).

Fahrbahn: Stadt- und Landstraßen mittlerer Oberflächengüte, vorzugsweise mit mittelfrequenter aber unregelmäßiger Welligkeit

Fahrmanöver: Die Strecken werden mit unterschiedlichen Geschwindigkeiten befahren. Diese liegen abhängig vom Streckenverlauf zwischen 40 und 120 km/h.

Entwicklungsziel: Das Fahrwerk sollte eine gute «Federungswilligkeit» zeigen, so dass Fahrbahnunebenheiten geschmeidig überrollt werden. Bei einem guten Anfederverhalten entsteht der Eindruck, dass Beschleunigungsänderungen beim Überrollen von Fahrbahnunebenheiten weich, harmonisch und gut geglättet verlaufen.

Einflussgrößen: Während in den Disziplinen «Reiten/Freeway-Hop» als Einflussgrößen die Achsreibung/Losbrechkräfte/Stützlagerwege dominieren, hat beim Anfedern/Kopieren häufig die Dämpferabstimmung überwiegenden Einfluss. Ferner:
Stabilisierung
Auslegung von elektronischen Feder- und Dämpferregelsystemen
Lage der Wankachse und deren Änderung beim Federn
Federungs- und Dämpfungsverhalten der Sitze

7.6.18 Stuckern

Der Begriff Stuckern beschreibt durch die Fahrbahn angeregte Koppelschwingungen im Frequenzbereich von 5 bis 15 Hz. Diese periodischen Schwingungsüberhöhungen können am Triebwerk, am Differential oder auch an den Achsen entstehen und werden von den Insassen meist in der Bodengruppe und im Sitz (Sitzlehne) störend verspürt. Beurteilt werden das Isolationsverhalten (Beschleunigungen, Dämpfung) des Fahrzeugs bei harmonischer Fahrbahnanregung und optisch auffällige Bauteilschwingungen wie z.B. Schalthebelbewegungen, die durch Aggregateschwingungen angeregt werden können.

Fahrbahn: Ebene gerade Landstraßen oder Autobahnen, die über eine Fahrstrecke von mindestens 30 m eine gleichmäßige, mittelwellige

Bild 7.62 Stuckerstrecke

	Sinusanregung kleiner Amplitude darstellen (Bild 7.62).
Fahrmanöver:	Die Strecke wird mit unterschiedlichen Geschwindigkeiten je nach Anregung zwischen 30 km/h und 120 km/h bevorzugt mit geringem Vortrieb befahren. Es ist nach Fahrzuständen zu suchen, die störende Resonanzschwingungen in der Bodengruppe und im Sitz (besonders in Hochrichtung) auslösen.
Entwicklungsziel:	Es sollen keinerlei störenden Resonanzschwingungen spürbar bzw. sichtbar sein.
Einflussgrößen:	Aggregatelagerung (Steifigkeiten, Dämpfung, Anordnung) [67]
	Karosseriesteifigkeiten (Bodengruppe, Tunnelbereich)
	Dämpferlagerung (Steifigkeiten, Wege)
	Reibung, Losbrechkräfte der Radaufhängung
	Sitzfederung, Sitzdämpfung
	Abstimmung von Federung und Dämpfung
	Auslegung von elektronischen Feder- und Dämpferregelsystemen
	Auslegung von Schwingungstilgern bei Cabrios [68]

7.6.19 Lastwechselschlag

Bei schneller Betätigung des Fahrpedals ist zu beurteilen, in welcher Form die dadurch verursachte Verringerung des Vortriebs (negativer Lastwechsel) bzw. Erhöhung des Vortriebs (positiver Lastwechsel) durchlaufen wird. Dabei können Schwingungen im Aufbau oder spürbare Aggregatbewegungen auftreten. Die Auswirkungen von Zugkraftänderungen treten verstärkt in den unteren Gängen bzw. bei hohen Antriebsmomenten auf.

Fahrbahn:	Ebene gerade Landstraße oder Autobahn
Fahrmanöver:	Es wird bei verschiedenen Motordrehzahlen und in unterschiedlichen Fahrstufen/Gängen eine kurzzeitige Zugkraftänderung durch schlagartiges Gaswegnehmen (negativer Lastwechselschlag) und wieder Gasgeben (positiver Lastwechselschlag) ausgelöst.
Entwicklungsziel:	Die durch die Zugkraftveränderungen verursachten Bewegungen des Antriebsaggregates dürfen sowohl beim Gaswegnehmen als auch beim Beschleunigen kein spürbares Nachschwingen auslösen. Die Zugkraftänderung darf darüber hinaus nicht in den Betätigungselementen spürbar sein.
Einflussgrößen:	Aggregatelagerung (Konzept, Abstützbasis, Steifigkeiten und Dämpfung der Motor-, Getriebe-, Differentiallager, Drehmomentstütze; Bild 7.5)
	Charakteristik der Gasbetätigung
	Motorcharakteristik (Drehmoment-, Leistungsverlauf, Motormanagement)
	Antriebskonzept

7.6.20 Aufbauzittern

Beurteilt wird das Schwingverhalten der Karosserie, das beim Überfahren von Einzelhindernissen angeregt wird. Dabei interessiert besonders der Frequenzbereich zwischen 15 und 40 Hz, in dem sich in der Regel Zittererscheinungen des Aufbaus bemerkbar machen. Die Insassen nehmen Aufbauzittern über die Bodengruppe, die Sitzlehne und das Lenkrad wahr.

Fahrbahn:	Gerade Fahrbahnen mit überwiegend homogener Oberfläche, in der sich Einzelhindernisse (Querfugen, Kanaldeckel, Brückendehnfugen) befinden
Fahrmanöver:	Die Strecken werden mit unterschiedlichen Geschwindigkeiten im Bereich zwischen 50 und 150 km/h befahren.
Entwicklungsziel:	Ein mittelfrequentes Nachschwingen des Aufbaus (Zittern) nach Überfahren von Einzelhindernissen wirkt komfortmindernd und darf nicht wahrnehmbar sein.
Einflussgrößen:	Biege- und Torsionssteifigkeit der Karosserie
	Anbindung von Karosserieanbauteilen und -baugruppen
	Einpassung von Türen und Klappen
	Verglasungskonzept
	Konzept der Türschlösser

7.6.21 Lenkungszittern

Beurteilt wird das Schwingverhalten des Lenkrades, das beim Überfahren von Einzelhindernissen angeregt wird. Dabei interessieren besonders die fühlbaren Horizontal- und Vertikalbewegungen (Wege und Beschleunigungen).

Fahrbahn: Gerade Fahrbahnen mit überwiegend homogener Oberfläche, in der sich Einzelhindernisse (Querfugen, Kanaldeckel, Dehnfugen an Autobahnbrücken o.Ä.) befinden
Fahrmanöver: Die Strecken werden mit unterschiedlichen Geschwindigkeiten im Bereich zwischen 50 km/h und v_{max} befahren.
Entwicklungsziel: Die Schwingungen am Lenkrad sollten möglichst gering sein.
Einflussgrößen: Biegesteifigkeit und Dämpfung der Lenksäule und deren Anbindung an die Vorderwagenstruktur
Masse des Lenkrades
Lenksäulenkonzept

7.6.22 Lenkungsflattern/Unwuchtempfindlichkeit

Beim Fahren mit Geschwindigkeiten in der Rad- bzw. Achseigenfrequenz (10 bis 18 Hz) können durch Unwucht oder Radungleichförmigkeiten Resonanzschwingungen auftreten. Zu beurteilen sind Resonanzerscheinungen hinsichtlich Bewegungsform, Beschleunigungen und Amplituden beim Durchfahren dieser kritischer Geschwindigkeiten. Diese Überhöhungen äußern sich häufig als Lenkrad-Drehschwingungen («Wobbeln») oder Vertikalschwingungen an Lenkrad, Bodengruppe, Sitzkissen oder Sitzlehne. Die Versuche werden ergänzend mit gezielt angebrachten Radunwuchten oder ausgemessenen Radungleichförmigkeiten (Höhenschlag, Radial- oder Lateralkraftschwankungen) durchgeführt.

Fahrbahn: Gerade, möglichst ebene Fahrbahn (z.B. Autobahn, Prüfgelände), auf denen über längere Distanzen ohne oder mit nur geringen Seitenkräften mit hohen Geschwindigkeiten gefahren werden kann
Fahrmanöver: Mit definiert präparierten Rädern/Reifen werden verschiedene Geschwindigkeitsbereiche langsam durchfahren, um Resonanzerscheinungen im Bereich der Raddrehfrequenz zu ermitteln. Für die Versuche können zum einen gezielte Unwuchten angebracht werden (z.B. 20, 40, 60 gr) oder aber gezielt auf Uniformity-Abweichungen ausgewählte Reifen verwendet werden. Sinnvollerweise wird das präparierte Rad nur an einer Achs- bzw. Radposition montiert, die restlichen Räder sollen möglichst hohe Gleichlaufqualität aufweisen.
Entwicklungsziel: Das Fahrzeug sollte möglichst unempfindlich auf Gleichlauffehler

reagieren [69]. Dabei dürfen in der Serienfertigung zwangsweise auftretende Toleranzen zu keinen fühlbaren Resonanzen führen. Auch die Veränderung der Bereifung über Laufzeit ist dabei zu berücksichtigen.

Einflussgrößen: Längsfederung und Dämpfung der Radaufhängung
Auslegung des Lenkungsstranges nach Steifigkeit und Dämpfung
Globale und lokale Karosseriesteifigkeit, insbesondere im Bereich der Achs- und Lenkungsanbindung
Lenkradmasse und -trägheitsmoment
Achs- und Lenkungskonzept

7.6.23 Lenkungsstößigkeit

Beim Überfahren von Einzelhindernissen können Störimpulse im Lenksystem ausgelöst werden. Der Begriff Lenkungsstößigkeit beschreibt die im Lenkrad spürbaren Drehimpulse, die sich beim Überfahren der Hindernisse unter Längs- und/oder Seitenkräften bemerkbar machen.

Bild 7.63
Fahrbahn mit Anregungen zur Lenkstößigkeit

Fahrbahn: Gerade und kurvige Strecken mit Einzelhindernissen (Kanaldeckel, Querfugen, Kanten), die mit und ohne Seitenkraft befahrbar sind (Bild 7.63). Die Hindernisse sollten getrennt mit den kurveninneren bzw. kurvenäußeren Rädern überfahrbar sein.
Fahrmanöver: Die Strecken werden mit verschiedenen Geschwindigkeiten, Vortriebskräften und Querbeschleunigungen befahren.
Entwicklungsziel: Weder bei Längs- noch bei Seitenkräften sollen stoßförmige Drehimpulse im Lenkrad spürbar sein.
Einflussgrößen: Störkrafthebelarm
Elastizitäten, Trägheitsmomente, Lenkradmasse und Dämpfung im Lenkungsstrang
Elastizitäten in der Radaufhängung

Abstimmung von Federung, Stabilisierung und Dämpfung
Achs- und Lenkungskonzept
Lenkungskennfeld
Reifeneigenschaften (Dimensionierung von Rad und Reifen, Kenngrößen wie z.B. Federungs- und Dämpfungsverhalten)
Auslegung von elektronischen Feder- und Dämpferregelsystemen

7.6.24 Lenkungs-Rückschlagen (Kick-back)

Beim Überfahren von Hindernissen können bei scharfer Kurvenfahrt Störungen ins Lenksystem übertragen werden, die je nach Fahrzustand in ungünstigen Fällen rückschlagende Lenkimpulse auslösen.

Fahrbahn: Kurvige Strecken mit Einzelhindernissen (Kanaldeckel, Fahrbahnausbrüche, Querfugen, Kanten)
Fahrmanöver: Die Strecken werden mit verschiedenen Geschwindigkeiten, Gängen/Motordrehzahlen und Querbeschleunigungen unter Vortriebs- bzw. Bremskräften befahren.
Entwicklungsziel: Es dürfen keine rückschlagenden Impulse spürbar sein.
Einflussgrößen: Dämpfung im Lenksystem
Hydraulische Auslegung der Servolenkung (Versorgungsreserven)
Rückschlagventile in der Druckversorgung der Servolenkung
Drehsteifigkeiten im Lenkungsstrang
Achskonzept

7.6.25 Lenkungsklappern

Beurteilt wird, ob auf schlechter Fahrbahnoberfläche mechanische Klappergeräusche abhängig von der Lenkbetätigung auftreten.

Fahrbahn: Gerade und kurvige Strecken mit schlechter Fahrbahnoberfläche (Kopfsteinpflaster, Flickasphalt)
Fahrmanöver: Die Strecken werden bevorzugt mit langsamer Geschwindigkeit befahren; dabei werden zunächst minimale Lenkwinkel um die Mittellage eingegeben und die Winkel in kleinen Schritten vergrößert.
Entwicklungsziel: Es sollen keine Geräusche vernehmbar sein.
Einflussgrößen: Konstruktive Ausführung und Lagerung von Lenkgetriebe und Lenksäule
Elastizitäten, Trägheitsmomente, mechanische Spiele und Dämpfung im Lenkungsstrang

8 Grafische Darstellung der Bewertungsergebnisse

Zur vergleichenden oder auch absoluten Beurteilung werden die Ergebnisse der subjektiven Fahrzeugbewertung häufig in grafischer Form dokumentiert.

8.1 Detaillierte Netzdiagramme

Von vielen Darstellungsformen bieten Netzdiagramme eine gute Möglichkeit, die gesamten Beurteilungskriterien in optisch übersichtlicher Form darzustellen. Auch Vergleiche mehrerer Fahrzeuge sind damit gut möglich. Fahrzeuge mit ausgeglichenen Fahreigenschaften erreichen dabei gleichmäßig runde Bewertungspolygone, große Durchmesser weisen auf ein hohes Niveau und Einbrüche der Linienverläufe auf auffällige Schwächen der Beurteilungskriterien hin.

Zur einfachen Handhabung werden die Bewertungskriterien nach der Beurteilungsfahrt als Tabelle direkt in ein Notebook eingegeben und sofort grafisch dargestellt.

Im folgenden Beispiel (Bilder 8.1 bis 8.10) sind willkürlich 4 Modelle einer Fahrzeugklasse verglichen, die jedoch keineswegs repräsentativ sein sollen. Das erste Diagramm (Bild 8.4) spiegelt den Gesamteindruck eines Fahrzeugs wider. Diese Bewertungspunkte entsprechen nicht zwangsläufig den Mittelwerten der Einzeldisziplinen.

Falls keine gravierenden Schwächen in der Versuchsreihe festgestellt werden, kann zur besseren Auflösung die Skalierung auf Werte von 4 bis 10 beschränkt werden.

SUBJEKTIV-BEURTEILUNG DES FAHRVERHALTENS

Beurteilungsblatt 1 von 3 — A'B'C'D - Klasse — Name/Dat.

	AUSWERTEBASIS (für Netzdiagramme)				
	für Diagramm 1: GESAMTEINDRUCK	Fahrzeug 1	Fahrzeug 2	Fahrzeug 3	Fahrzeug 4
1.	ANFAHRVERHALTEN	6,5	7,5	9,0	9,5
2.	BREMSVERHALTEN	7,5	7,5	8,0	8,0
3.	LENKVERHALTEN	7,0	7,0	8,0	9,0
4.	KURVENVERHALTEN	7,0	7,5	8,0	9,0
5.	GERADEAUSFAHRT	7,0	8,0	8,0	8,0
6.	FAHRKOMFORT	8,5	8,0	8,0	7,0
1.	für Diagramm 2 und 3: ANFAHRVERHALTEN	Fahrzeug 1	Fahrzeug 2	Fahrzeug 3	Fahrzeug 4
1.1	Anfahrnicken	8,0	7,5	9,0	9,5
1.2	Anfahrpendeln	8,0	8,0	9,0	9,0
1.3	Anfahrschütteln	8,0	8,0	9,0	9,0
1.4	Verlenken	8,0	8,0	9,0	9,5
1.4.1	Verlenken Reibwert hoch	8,0	8,0	9,0	9,5
1.4.2	Verlenken Reibwert µ-split	7,0	8,0	9,0	9,0
1.5	Torque-Steer	10,0	10,0	10,0	10,0
1.6	Lenkungsklemmen	10,0	10,0	10,0	10,0
1.7	Traktion allgemein	6,0	7,5	9,0	9,5
1.7.1	Traktion Reibwert hoch	8,0	7,5	9,0	9,5
1.7.2	Traktion Reibwert nieder	5,0	7,0	9,0	9,0
1.7.3	Traktion Reibwert µ-split	6,0	7,5	8,5	9,0
1.7.4	Traktion Reibwert µ-sprung	6,0	7,5	8,5	9,0
1.8	Regelverhalten ATC	7,0	7,0	8,0	8,0
1.9	Pedalrückwirkung ATC	7,0	7,0	8,0	8,0
2.	BREMSVERHALTEN	Fahrzeug 1	Fahrzeug 2	Fahrzeug 3	Fahrzeug 4
2.1	Bremsverzögerung	8,5	8,0	8,5	9,0
2.1.1	Verzögerung Reibw. hoch	8,5	8,0	8,5	9,0
2.1.2	Verzögerung Reibw. nieder	8,0	8,0	8,0	8,0
2.1.3	Verzögerung Reibw. µ-split	8,0	8,0	8,0	8,0
2.1.4	Verzögerung Reibw.µ-sprung	8,0	8,0	8,0	8,0
2.2	Standfestigkeit	8,5	8,0	8,5	9,0
2.3	Geradeausstabilität	8,0	8,0	8,5	8,5
2.4	Kurvenlauf	7,5	7,5	8,5	9,0
2.5	Lenkbarkeit	8,0	8,0	8,5	9,0
2.6	Gierstabilität	7,5	7,5	8,0	8,0
2.6.1	Gierstabilität Reibw. hoch	7,5	7,5	8,5	8,5
2.6.2	Gierstabilität Reibw. nieder	6,5	7,5	8,0	8,0
2.6.3	Gierstabilität Reibw. µ-split	7,0	7,5	8,0	8,0
2.7	Bremsnicken	8,0	7,5	8,0	8,5
2.8	Pedalkraftaufwand	8,0	7,5	7,5	7,5
2.9	Pedalgefühl	8,0	7,5	7,5	8,0
2.10	Pedalrückwirkung ABS	9,0	9,0	9,0	9,0
2.11	Pedalmoving ABS	9,0	9,0	9,0	9,0
2.12	Bremsrubbeln	7,0	8,0	8,0	8,0
2.13.1	Bremsgeräusche allgemein	8,0	8,0	8,0	8,0
2.13.2	Brems-Quietschen,Buhen,	8,0	7,0	7,0	8,0
2.14	Bremstrampeln/-stempeln	10,0	10,0	10,0	10,0

Bild 8.1   Beurteilungsblatt 1

SUBJEKTIV-BEURTEILUNG DES FAHRVERHALTENS

Beurteilungsblatt 2 von 3 A'B'C'D - Klasse Name/Dat.

	für Diagramm 4: **3. LENKVERHALTEN**	Fahrzeug 1	Fahrzeug 2	Fahrzeug 3	Fahrzeug 4
3.1	Anlenkverhalten	7,0	7,0	8,0	8,0
3.2	Ansprechverhalten	8,0	7,5	8,0	8,0
3.3	Grabeneffekt	8,0	7,0	7,5	8,0
3.4	Center Point	8,0	7,0	7,5	8,0
3.5	Lenkkraftniveau	7,0	8,0	8,0	8,0
3.5.1	Lenkmoment Mittellage	7,5	7,0	7,5	8,0
3.5.2	Lenkmom.Proportionalbereich	8,0	7,0	7,0	8,5
3.5.3	Lenkmoment Parkieren	6,5	7,0	8,0	7,5
3.6	Lenkungsüberholen	9,5	9,5	9,5	9,5
3.7	Überschwingen bei Rücklauf	9,0	9,0	9,0	9,0
3.8	Nachschwingen (Richtungswechsel)	9,0	9,0	9,0	9,0
3.9	Nachlenken n. Kurvenfahrt	8,0	7,5	8,0	8,0
3.10	Zielgenauigkeit	7,0	7,5	8,0	9,0
3.11	Fahrbahnkontakt	8,0	7,5	8,0	8,0
3.12	Handlichkeit	8,0	8,0	8,0	9,0
3.13	Lenkungsrücklauf	8,0	8,0	8,0	8,0
	für Diagramm 5: **4. KURVENVERHALTEN**	Fahrzeug 1	Fahrzeug 2	Fahrzeug 3	Fahrzeug 4
4.1	Eigenlenkverhalten	7,0	8,0	9,0	9,0
4.2	Einlenkverhalten	7,0	7,5	8,0	8,0
4.3	Seitenkraftaufbau	7,5	7,5	8,0	8,0
4.4	Giergeschw-aufbau	7,0	8,0	8,0	8,0
4.5	Querführungsvermög.	7,0	7,5	8,0	9,0
4.6	Wankverhalten	8,0	8,0	8,0	9,0
4.7	Diagonal-Tauchen	8,0	8,0	8,0	9,0
4.8	Aufstützen	7,5	8,0	8,0	8,0
4.9	Wankschrauben	8,0	8,0	8,0	9,0
4.10	Spurwechselverhalt.	7,5	8,0	8,5	9,0
4.11	Lenk-Bremsverhalten	8,0	8,0	8,0	8,0
4.12	Lenk-Beschleunigungverhalten	6,5	7,5	8,0	8,5
4.13	Fahrbahneinflüsse	6,0	8,0	9,0	9,0
4.14	Lastwechselreaktion	6,0	8,0	8,0	9,0
	für Diagramm 6: **5. GERADEAUSFAHRT**	Fahrzeug 1	Fahrzeug 2	Fahrzeug 3	Fahrzeug 4
5.1	Geradeausstabilität	7,0	8,0	8,0	8,0
5.2	Federungslenken	8,0	7,5	7,5	8,0
5.3	Wanklenken	8,0	8,0	8,0	8,0
5.4	Lenkungspendeln	9,0	9,0	9,0	9,0
5.5	Längsfugenempfindlichkeit	8,0	8,0	8,0	8,0
5.6	Spurrinnenempfindlichkeit	8,0	8,0	8,0	7,5
5.7	Lastwechselsteuern	7,0	8,5	8,5	9,0
5.8	Seitenwindverhalten	6,5	7,5	8,0	8,0
5.9	Windempfindlichkeit	8,5	9,0	9,5	9,5
5.10	Pendelstabilität Gespann	8,0	7,0	8,0	8,0

Bild 8.2 Beurteilungsblatt 2

SUBJEKTIV-BEURTEILUNG DES FAHRVERHALTENS					
Beurteilungsblatt 3 von 3				A'B'C'D - Klasse	Name/Dat.
für Diagramm 7:					
6.	**FAHRKOMFORT**	Fahrzeug 1	Fahrzeug 2	Fahrzeug 3	Fahrzeug 4
6.1	Federungskomfort	8,5	7,5	8,0	6,0
6.1.1	Fed.komfort langsam	8,0	8,0	7,5	6,0
6.1.2	Fed.komfort schnell	8,5	7,5	8,0	7,0
6.2	Nickfederverhalten	8,0	7,5	8,0	9,0
6.3	Wankfederverhalten	7,0	7,5	8,0	9,0
6.4	Aufbaudämpfung	7,0	7,0	7,5	9,0
6.5	Abrollkomfort	8,5	7,5	7,5	7,0
6.6	Rauhigkeit (Harshness)	9,0	7,5	8,0	7,5
6.7.1	Abrollgeräusch	8,5	7,5	8,0	7,0
6.7.2	Reifenheulen	9,0	9,0	9,0	9,0
6.8	Kantenempfindlichkeit	8,0	7,0	7,0	7,0
6.9	Dröhnen	8,0	8,0	8,0	8,0
6.10.1	Poltern(Achse/Dämpfer)	9,0	9,0	9,0	9,0
6.10.2	Dämpferzischen	10	10	10	10
6.11	Prellen	8,5	7,5	8,0	9,0
6.12	Schluckvermögen(Stößigkeit)	8,5	7,5	8,0	7,0
6.13	Aushängen (Ausfederweg)	9,0	7,0	7,0	7,0
6.14	Puffereinsatz	9,0	8,0	8,0	8,0
6.15	Zurückwerfen	9,0	8,0	8,0	8,0
6.16	Reiten/Freeway-Hop	7,0	7,0	7,5	6,5
6.17	Anfedern/Kopieren	7,5	7,0	7,5	6,5
6.18	Stuckern (5-15Hz)	8,5	7,0	7,5	8,0
6.19	Lastwechselschlag	8,0	7,0	7,5	7,5
6.20	Aufbauzittern (16-40 Hz)	9,0	8,0	8,0	8,0
6.21	Lenkungszittern	9,0	7,0	7,0	7,0
6.22	Lenkungsflattern	7,0	8,5	8,5	8,5
6.23	Lenkungsstößigkeit	9,0	7,5	8,0	8,0
6.24	Lenkungs-Rückschlagen	9,0	8,0	8,0	8,0
6.25	Lenkungsklappern	9,0	9,0	9,0	9,0
6.26	Sitzkomfort/-isolation/-seitenführung	9,0	7,5	7,5	7,5

7.	**Technische Daten**	Fahrzeug 1	Fahrzeug 2	Fahrzeug 3	Fahrzeug 4
7.1	Modell	X	Y	Z	Z Sport
7.2	Motor (Bauart;Hubr.;Leistg)				
7.3	Antrieb/Getriebe	Heck/HandSG	Front/HandSG	Allrad/HandSG	Allrad/HandSG
7.4	Reifen-/Rad-Dimension				Breitreifen
7.5	Reifen-Fabrikat				
7.6	Luftdruck VA/HA				
7.7	Leergew. VA/HA/Gesamt				
7.8	Achslast-Vert. VA/HA (%)				
7.9	Radführung Vorderachse				
7.10	Radführung Hinterachse				
7.11	Lenkungs-Bauart, -Lage				
7.12	Federg. VA/HA (Stahl/Luft)				
7.13	Standard-/Sportfahrwerk	Standard	Standard	Standard	Sport
7.14	Besonderheiten:				
	Witterung bei Testfahrt:				

Bild 8.3 Beurteilungsblatt 3

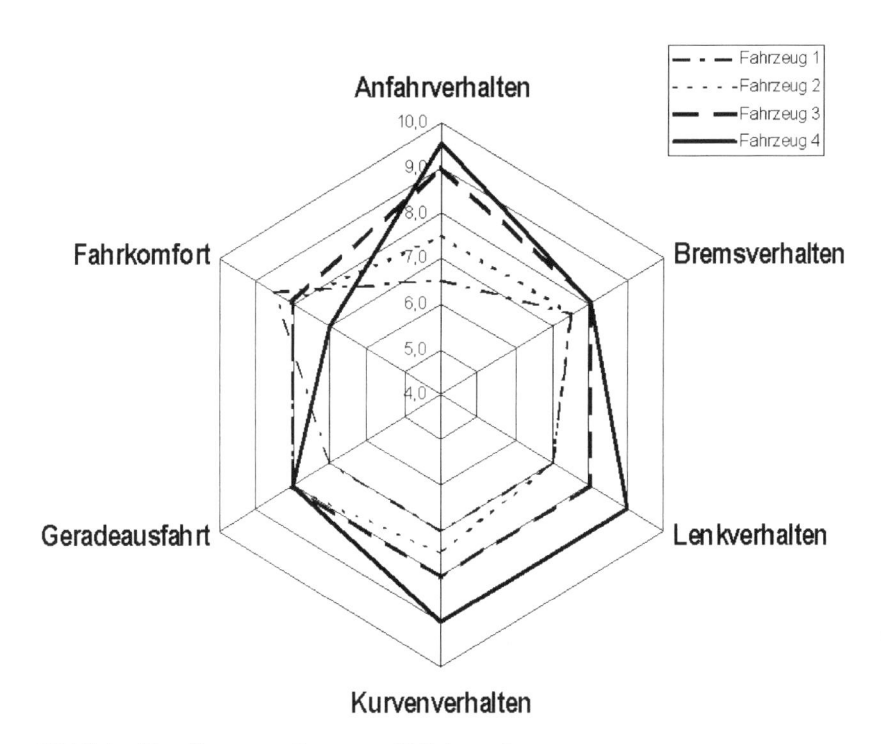

Bild 8.4   Netzdiagramm Gesamtprofil Fahrwerk

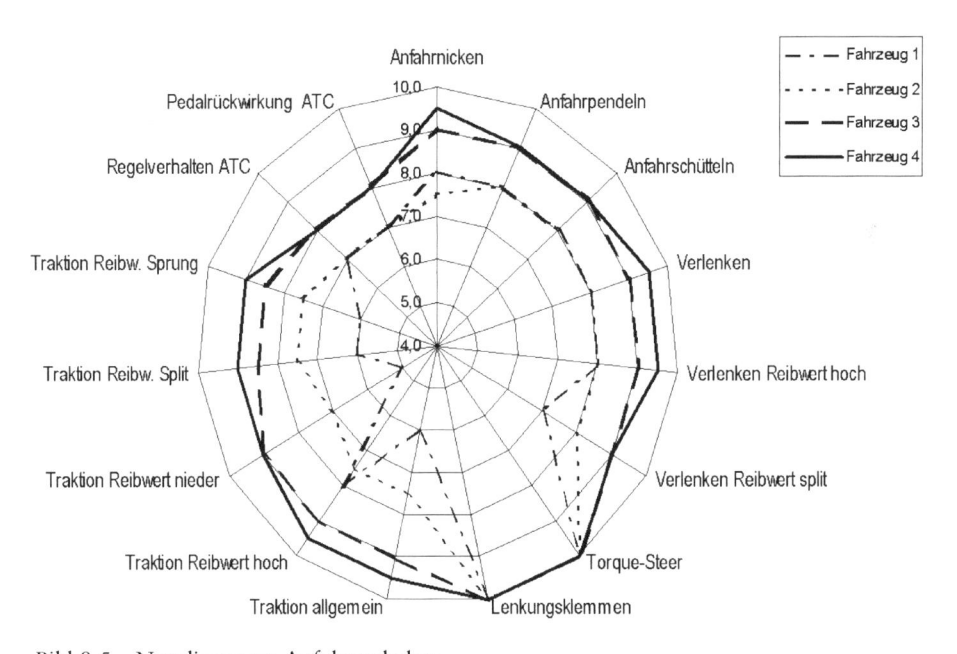

Bild 8.5   Netzdiagramm Anfahrverhalten

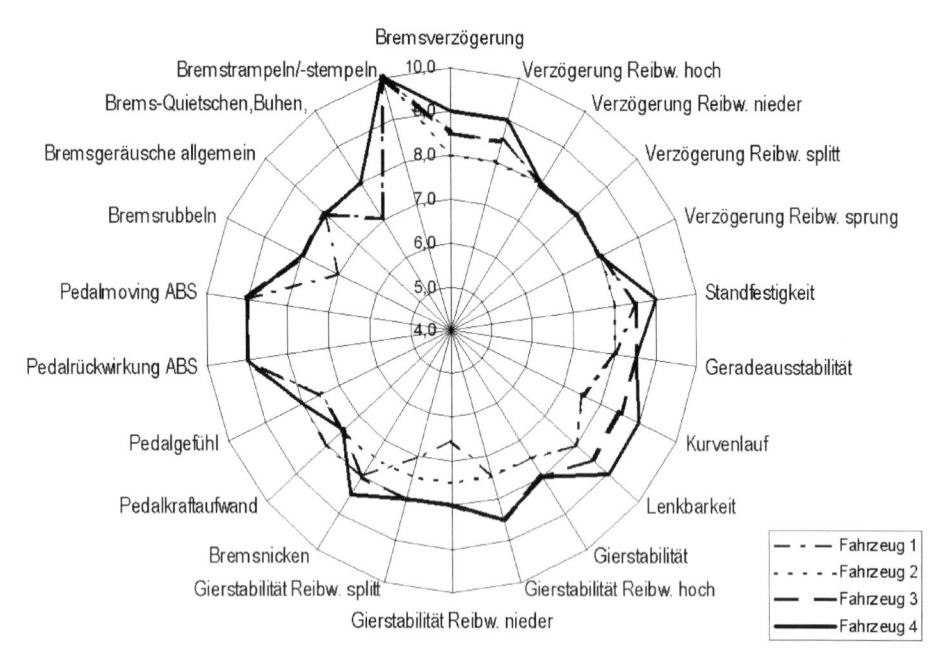

Bild 8.6   Netzdiagramm Bremsverhalten

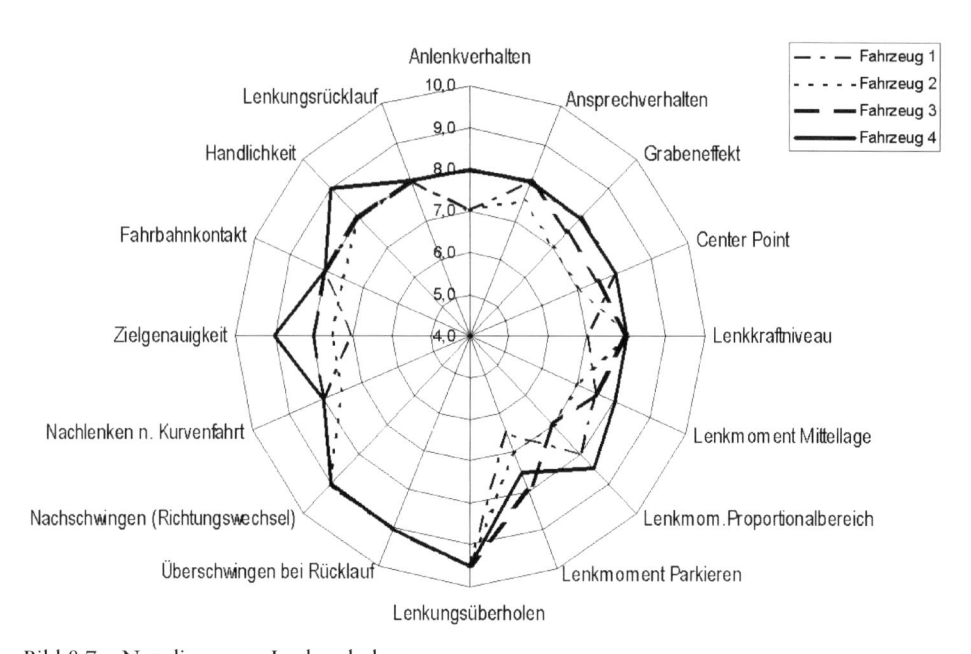

Bild 8.7   Netzdiagramm Lenkverhalten

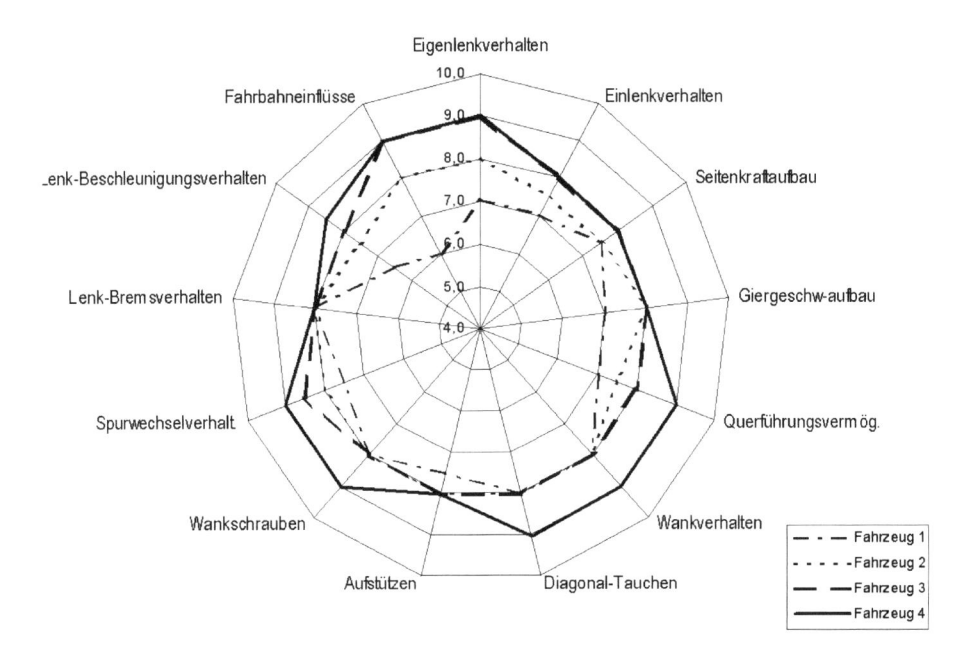

Bild 8.8   Netzdiagramm Kurvenverhalten

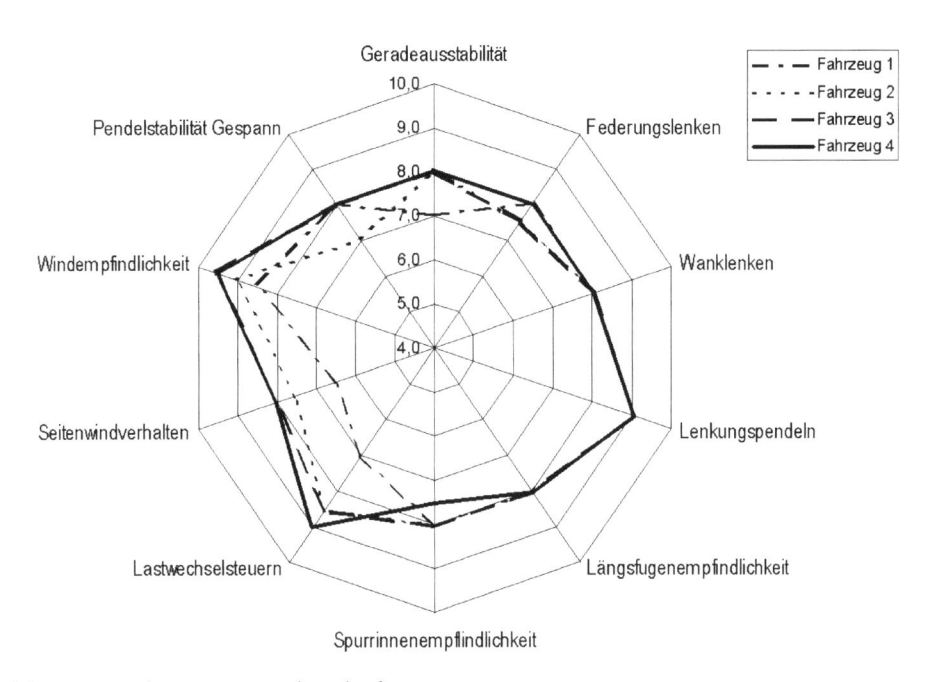

Bild 8.9   Netzdiagramm Geradeauslauf

149

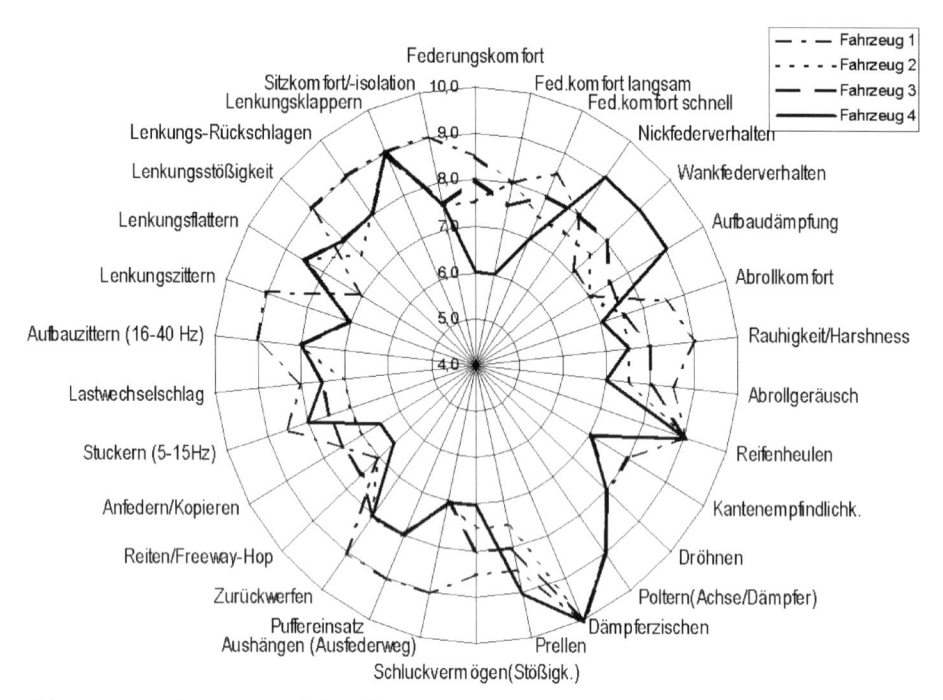

Bild 8.10   Netzdiagramm Fahrkomfort

8.2   Allgemeine Netzdiagramme

Eine weitere Möglichkeit der vergleichenden Darstellung von Fahrwerkseigenschaften bieten allgemeine Netzdiagramme, in denen die interessierenden Beurteilungskriterien in nur einem Diagramm zusammengestellt werden. Die Bewertung erfolgt zugunsten einer besseren Übersichtlichkeit weniger detailliert als die ausführliche Darstellung unter Abschnitt 8.1. Diese Art der Darstellung eignet sich sehr gut für Achskonzeptvergleiche. Die Bilder 8.11 und 8.12 zeigen Beispiele dieser Darstellungsform.

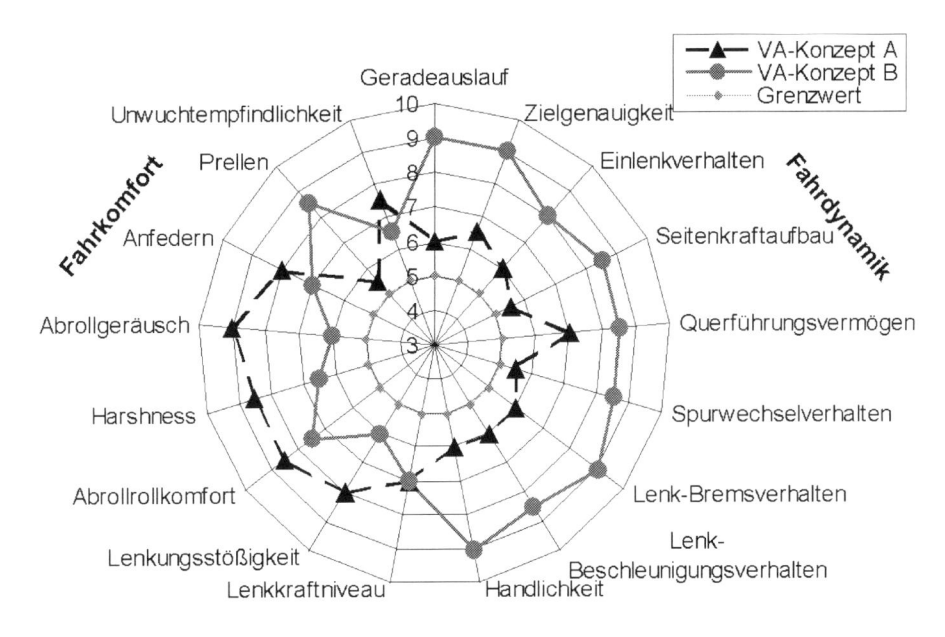

Bild 8.11 Vergleich Vorderachse

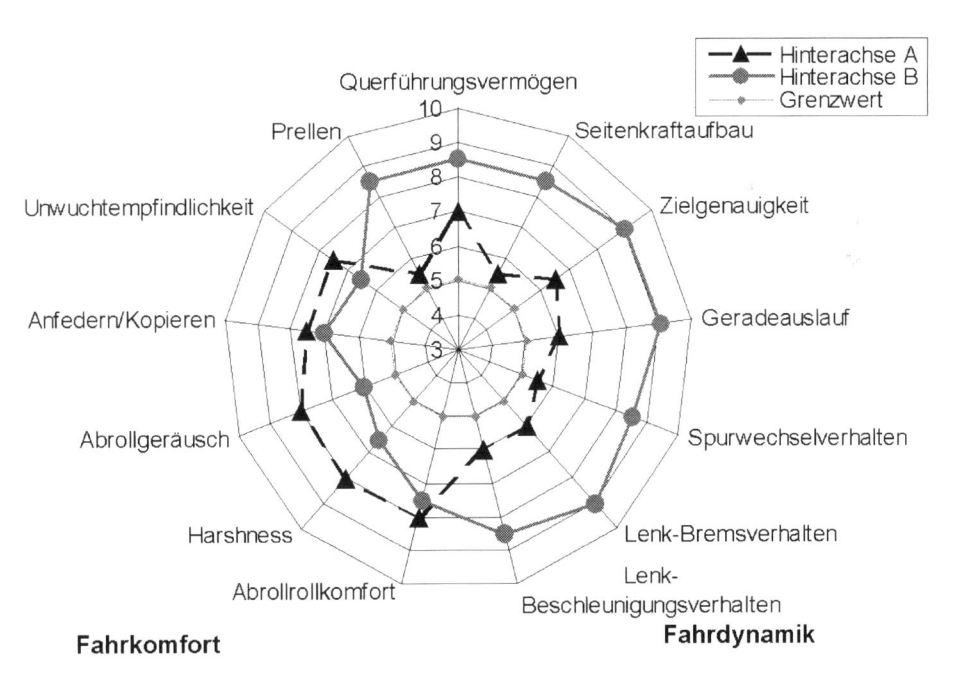

Bild 8.12 Vergleich Hinterachse

151

8.3 Fahrdynamik-Fahrkomfort-Darstellung

Eine einfache und doch sehr aussagefähige Darstellungsform zur Charakterisierung eines Fahrzeugs ist die Punktdarstellung in einem x-y-Diagramm mit den Parametern Fahrdynamik und Fahrkomfort (Bild 8.13). Ausgeprägte Stärken und Schwächen in Einzeldisziplinen gehen dabei zwangsläufig unter; man gewinnt jedoch einen guten Überblick über die Positionierung (komfort- oder sportbetonte Abstimmung), das Qualitätsniveau und auch Fortschritte im Lauf einer Fahrzeugentwicklung.

Zur Bewertung der Fahrdynamik werden alle Kriterien der Fahrstabilität und Fahrsicherheit bei Geradeaus- und Kurvenfahrt sowie Anfahr- und Bremsverhalten herangezogen. Komfortrelevante Beurteilungen auch aus Brems- und Lenkmanövern bilden eine zusammenfassende Komfortnote.

Die Werte können auch rechnerisch aus einer Auswahl der Noten nach Abschnitt 7.1 bei entsprechender Wichtung ermittelt werden. Bei dieser Art der Darstellung ist es sinnvoll, zur besseren grafischen Auflösung das Bewertungsraster auf Hundertstel festzulegen und die Skalierung – falls keine extremen Ausreißer vorliegen – zwischen 4 und 10 zu wählen.

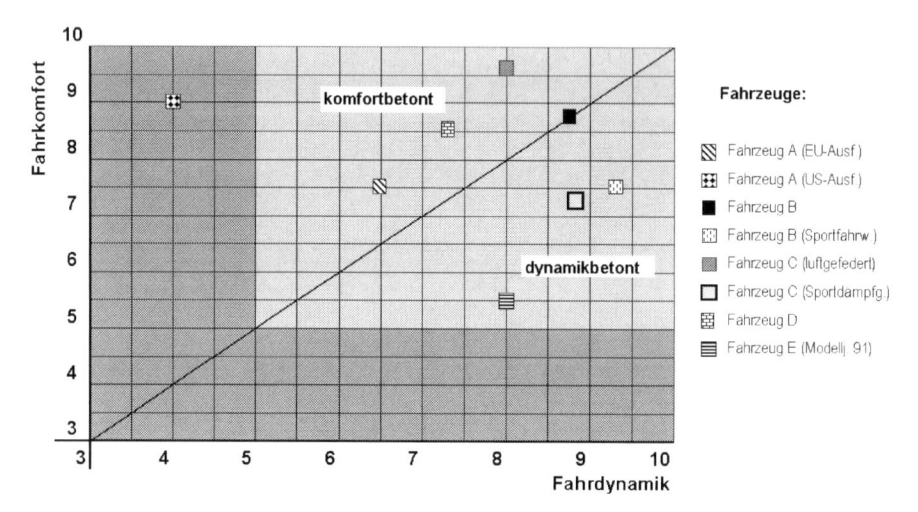

Bild 8.13 Darstellung Fahrdynamik – Fahrkomfort

9 Ausblick

Mit der Beschreibung des Verfahrens zur subjektiven Beurteilung des Fahrverhaltens von Automobilen wird der Versuch unternommen, die gegenwärtig meist angewendete Methode zu dokumentieren. Im Verlauf der Fahrzeugentwicklung liefert die subjektive Beurteilung effektiv und bis heute allein verbindlich Aussagen über Fahrdynamik und Komfort von Automobilen. Trotz hoch entwickelter Mess- und Simulationstechniken ist der Mensch als Beobachter und Bewerter ein nicht zu ersetzendes wesentliches Element in der Entwicklung und Beurteilung von Fahrzeugen. Derzeit existiert noch kein Mess- und Analyseverfahren, das die auf den menschlichen Organismus wirkenden Einflüsse an den Kontaktstellen zum Fahrzeug in vergleichbarer Weise umfassend misst, bewertet und eine aussagefähige Gesamtbeurteilung bildet. Auch hinsichtlich des zeitlichen und des materiellen Aufwands zur Fahrzeugbeurteilung ist der Einsatz von geschultem Beurteilungspersonal im Vergleich zu Fahrmessungen äußerst günstig. Die Beobachtung, Einschätzung und Analyse des fahrdynamischen Geschehens erfordern jedoch neben genauen Kenntnissen über die Fahrphysik eine hohe Sensibilität bei der Erfassung des Fahrvorgangs, die sich in der Regel nur durch langjährige Erfahrung erarbeiten lässt. Zugleich ist zu berücksichtigen, dass die Beurteilungsfähigkeit auch von menschlichen Schwächen beeinträchtigt werden kann, wie konstitutionelle Verfassung, Gemütszustand oder Voreingenommenheit. Hier ist es für die Beurteilung wichtig, sich der Grenzen der menschlichen Aufnahmefähigkeit bewusst zu sein und die Ergebnisse kritisch zu hinterfragen. Bei Bewertungen an der Grenze des menschlichen Aufnahmevermögens muss gegebenenfalls der Versuchsansatz durch Einbeziehung z.B. von Blindversuchen verfeinert werden.

Die Methoden der Messung und Simulationsberechnung werden ständig verbessert und bilden gegenwärtig bereits eine wichtige Ergänzung zur Subjektivbeurteilung. Die in zahlreichen Forschungsarbeiten entwickelten Verfahren zur objektiven Beschreibung der Fahrdynamik werden zunehmend genauer und liefern in einigen der aufgeführten Kriterien der Subjektivbeurteilung vergleichbare Aussagen. Sie tragen damit zu einer ersten Grundauslegung der Fahrdynamik eines neuen Fahrzeugs bei und stützen die Problemerfassung und -lösung im weiteren Entwicklungsprozess. Sie bilden darüber hinaus die Voraussetzung, um im Verlauf einer virtuellen Produktentwicklung bereits in einer frühen Phase der Entwicklung ohne Nutzung von Aggregateträgern oder Prototypen mittels Simulation in engen Entwicklungsschleifen einen voroptimierten Entwicklungsstand zu erreichen. Dies gewinnt vor allem vor dem Hintergrund der immer komplexeren Fahrwerkregelsysteme und deren Vernetzung mit dem elektronischen Fahrzeugmanagement zunehmend an Bedeutung. Der sich damit ständig erweiternde Entwicklungsaufwand ist nur bei paralleler Nutzung aller Entwicklungsinstrumente zu leisten, d.h. mit der mathematischen Simulation, der Prüfstandsimulation, der Messung und Subjektivbeurteilung im Fahrversuch sowie dem HIL(hardware in the loop)-Testverfahren, das die Kombination von simulierten Vorgängen mit Echtteilen erlaubt. Zur Nutzung objektiver Beurteilungsverfahren ist grundsätzlich eine dem Expertenurteil vergleichbare Auflösung in den Beurteilungskriterien erforderlich. Pauschale und zusammengefasste Beurteilungen sind erst dann sinnvoll, wenn jedes Einzelkriterium validiert wurde. Dazu ist es erforderlich, dass die Aussage eines jeden der Einzelkriterien definiert und in ein dem Subjektivurteil vergleichbares Messverfahren umgesetzt wird, das wiederum die Voraussetzung für eine Anwendung in der Simulation ist. Hier ist für zahlreiche Einzelkriterien Grundlagenarbeit erforderlich, da vielfach weder ein standardisiertes Testverfahren noch ein validiertes Verfahren der Kenngrößenableitung verfügbar ist. Besondere Defizite bestehen z.B. bei der Erfassung von Geradeauslauf und Windempfindlichkeit bei turbulenter Strömung im Hochgeschwindigkeitsbereich und im Bereich von Panikreaktionen des Fahrers.

Ziel des vorliegenden Buches ist es, zunächst die aktuelle Bewertungspraxis so genau wie möglich zu beschreiben, um so das Expertenwissen auf dem Gebiet der fahrdynamischen Auslegung von Automobilen zu dokumentieren. Die genaue Beschreibung der Einzelkriterien liefert zugleich die Basisdaten zum Andocken objektiver Bewertungsverfahren, die im Fahrmanöver, der Messwertaufnahme und der Analyse speziell für das Kriterium zu definieren sind. Nur die so validierten Beurteilungsverfahren können in den Prozess der virtuellen Produktentwicklung eingesteuert werden.

Literaturverzeichnis

[1] RÖNITZ, R.; BRAESS, H.-H.; ZOMOTOR, A.: Verfahren und Kriterien zur Beurteilung des Fahrverhaltens von Personenwagen, Stand und Problematik. *AI Automobil-Industrie*, 1977, Heft 1, S. 29–39, Heft 3, S. 39–47.

[2] ZOMOTOR, A.; BRAESS, H.-H.; RÖNITZ, R.: Verfahren und Kriterien zur Bewertung des Fahrverhaltens von Personenkraftwagen – Ein Rückblick auf die letzten 20 Jahre, Teil 1 und 2. *ATZ Automobiltechnische Zeitschrift 99 (1997)* 12, S. 780–785, und 100 (1998) 3, S. 236–243.

[3] ZOMOTOR, A.: *Fahrwerktechnik: Fahrverhalten.* Vogel Buchverlag, 1987.

[4] MITSCHKE, M.: *Dynamik der Kraftfahrzeuge.* Band B Schwingungen, Band C Fahrverhalten. Springer-Verlag, 1990.

[5] ROMPE, K.; HEISSING, B.: *Objektive Testverfahren für die Fahreigenschaften von Kraftfahrzeugen.* Verlag TÜV Rheinland, 1984.

[6] REIMPELL, J.; BETZLER, J.: *Fahrwerktechnik: Grundlagen.* Vogel Buchverlag, 2000.

[7] BRAESS, H.-H.; SEIFFERT, U.: *Handbuch Kraftfahrzeugtechnik.* Vieweg Verlagsgesellschaft mbH, 2000.

[8] BERTRAM, T.; OPGEN-RHEIN, P.: *Modellbildung und Simulation mechatronischer Systeme – Virtueller Fahrversuch als Schlüsseltechnologie der Zukunft.* Automotive Electronics. Sonderausgabe von ATZ, MTZ und Automotive Engineering Partners, September 2001, S. 20–26.

[9] BRANDT, H.: Praxisnahe Simulation der Fahrmechanik. *ATZ Automobiltechnische Zeitschrift 96 (1994)* 2, S. 70–76.

[10] WILLUMEIT, H.-P.; JÜRGENSON, T.: Fahrermodelle – ein kritischer Überblick, Teile 1 und 2. *ATZ Automobiltechnische Zeitschrift 99 (1997)* 7/8, S. 424–428 und S. 552–560.

[11] LASAI, S.; KOLM, H.; POHL, R.; WAHLE, M.: Schwingungsanalyse von Subsystemen mit Hilfe der Simulation. *ATZ Automobiltechnische Zeitschrift 102 (2000)* 4, S. 266–270.

[12] ISERMANN, R.; HAMANN, C.-D.; HALFMANN, CH.; HOLZMANN, H.; SIMM, N.: Adaptive Echtzeitmodelle für die Kraftfahrzeugdynamik. *ATZ Automobiltechnische Zeitschrift 101 (1999)* 12, S. 994–1001.

[13] BRAESS, H.-H.: Konstruktion, Berechnung und Versuch – Zunehmende Partnerschaft auch in der Automobiltechnik. *ATZ Automobiltechnische Zeitschrift 87 (1985)* 7/8, S. 327–333.

[14] KNOTHE, F.; SCHNEIDER, W.; SCHOPPER, H.-D.; WEBER, A.: *Die neue Mercedes-Benz-S-Klasse – Abstimmung und Erprobung im Gesamtfahrzeug.* Sonderausgabe von ATZ und MTZ 10/1998.

[15] SEIFERT, G.; BOFINGER, G.; THIERER, M.: Die Fahrdynamik des neuen Porsche 911 Turbo – Antrieb, Fahrwerk, Regelsysteme, Teil 1. *ATZ Automobiltechnische Zeitschrift 103 (2001)* 2, S. 106–115.

[16] HEISSING, B.; MÜLLER, A.: *Das Fahrwerk des neuen Audi A6.* Sonderausgabe von ATZ und MTZ 3/1997.

[17] HEISSING, B.; BLOCK, M.: *Fahrwerk und Antriebsstrang. Der neue Audi A4.* Sonderausgabe von ATZ und MTZ 11/2000.

[18] PIXTON, T. A. H.; LAERMANN, F.-J.; BIETZ, T.: *Der neue Ford Focus – Entwicklungsstrategie und Gesamtfahrzeugkonzept.* Sonderausgabe von ATZ und MTZ 1/1999.

[19] JOHANNSEN, G.; BOILER, H. E.; DONGES, E.; STEIN, W. H. (Hrsg.): *Der Mensch im Regelkreis, Lineare Modelle*. Oldenbourg Verlag, 1977.
[20] BURCKHARDT, M.: *Fahrwerktechnik: Radschlupfsysteme*. Vogel Buchverlag, 1993.
[21] KONDIK, D.; MÜLLER, R.; PERSTL, W.; TOELGE, T.; LEFFLER, H.: Elektronisches Bremsen-Management als erster Schritt zu einem integrierten Chassis-Management, Teile 1 und 2. *ATZ Automobiltechnische Zeitschrift 101 (1999) 4*, S. 220–229 und 101 (1999) 5, S. 330–337.
[22] FENNEL, H.; KLUSEMANN, R.; KRANZ, T.; KÜMMEL, M.; SCHMIDT, R.: Bremsregelsysteme in Fahrzeugen mit Allradantrieb, Teile 1 und 2. *ATZ Automobiltechnische Zeitschrift 102 (2000) 9*, S. 756–762 und 102 (2000) 10, S. 864–876.
[23] BEIKER, S.; MITSCHKE, M.: Verbesserungsmöglichkeiten des Fahrverhaltens von Pkw durch zusammenwirkende Regelsysteme. *ATZ Automobiltechnische Zeitschrift 103 (2001) 1*, S. 38–43.
[24] BACHMANN, T.; BIELACZEK, CH.; BREUER, B.: Der Reibwert zwischen Reifen und Fahrbahn und dessen Inanspruchnahme. *ATZ Automobiltechnische Zeitschrift 97 (1995) 10*, S. 658–666.
[25] HACKENBERG, U.; HEISSING, B.: Die fahrdynamischen Leistungen des Fahrer-Fahrer-Systems im Straßenverkehr. *ATZ Automobiltechnische Zeitschrift 87 (1985) 7/8*, S. 341–345.
[26] DIN 70 000: *Straßenfahrzeuge, Fahrdynamik und Fahrverhalten, Begriffe*. ISO 8855, Ausgabe 1991. DIN Deutsches Institut für Normung e.V., Berlin.
[27] AIGNER, J.: Zur zuverlässigen Beurteilung von Fahrzeugen. *ATZ Automobiltechnische Zeitschrift 84 (1982) 9*, S. 447–450.
[28] DIN 70 020: *Straßenfahrzeuge, Kraftfahrzeugbau, Begriffe von Abmessungen*. DIN Deutsches Institut für Normung e.V., Berlin.
[29] DIN 70 027: *Straßenfahrzeuge, Fahrwerksvermessung, Anzugebende Fahrwerksdaten, Meßbedingungen*. DIN Deutsches Institut für Normung e.V., Berlin.
[30] DEMANT, H.; ROOS, J.; WOLKO, D. F.: Schwingungstechnische Anforderungen an Triebwerklagersysteme. *ATZ Automobiltechnische Zeitschrift 92 (1990) 3*, S. 110–118.
[31] ZOMOTOR, A.; HORN, A.; ROMPE, K.: Bremsen in der Kurve – Untersuchung eines Testverfahrens. *ATZ Automobiltechnische Zeitschrift 82 (1980) 9*, S. 423–432.
[32] BILL, K.-H.; LEBER, M.; BECKER, H.; BREUER, B.: Forschungswerkzeug zur Untersuchung der Schnittstelle Fahrer-Bremspedal. *ATZ Automobiltechnische Zeitschrift 101 (1999) 2*, S. 86–93.
[33] LÜCKE, H.-U.; WAGNER, J.; WISS, H.: Hydraulischer Bremsassistent. *ATZ Automobiltechnische Zeitschrift 101 (1996) 6*, S. 470–475.
[34] KIESEWETTER, W.; KLINKNER, W.; REICHELT, W.; STEINER, M.: Der neue Brake Assist von Mercedes-Benz – aktive Fahrerunterstützung in Notsituationen. *ATZ Automobiltechnische Zeitschrift 99 (1997) 6*, S. 330–339.
[35] AUGSBURG, K.; BRUNNER, H.; GROCHOWICZ, J.: Untersuchung zum Rubbelverhalten von Pkw-Schwimmsattelbremsen. *ATZ Automobiltechnische Zeitschrift 101 (1999) 1*, S. 22–30.
[36] HODGES, T.; DLUGOSCH, F.-J.: Entwicklung einer Methode zur Untersuchung des Bremsen-Kaltrubbelns. *ATZ Automobiltechnische Zeitschrift 103 (2001) 1*, S. 70–73.
[37] STEFFEN, T.; BRUNS, R.: Hotspotbildung bei Pkw-Bremsscheiben. *ATZ Automobiltechnische Zeitschrift 100 (1998) 6*, S. 408–414.
[38] SHI, X.; MITSCHKE, M.: Entstehungsmechanismus des Bremsquietschens – Grundschwingung im Bremssystem. *ATZ Automobiltechnische Zeitschrift 99 (1997) 11*, S. 666–669.
[39] BECKER, K.; GIES, S.; MARUSIC, Z.: *Subjektive Fahreindrücke sichtbar machen. 3.1 Das Lenkgefühl – Merkmale der subjektiven und objektiven Beschreibung*. expert-Verlag, 2000.
[40] REIMPELL, J.; STOLL, H.: *Fahrwerktechnik: Lenkanlagen und Hilfskraftlenkungen*. Vogel Buchverlag, 1992.
[41] BERGMAN, W.: *The Basic Nature of Vehicle Understeer – Oversteer*. SAE paper 650085.

[42] BUNDORF, R. T.: *The Influence of Vehicle Design Parameters on Characteristic Speed and Understeer.* SAE paper 670078.
[43] ERZI, A. I.: *Einfluss von Kraftfahrzeugdaten auf die stationäre Kreisfahrt und deren Beurteilung.* Dissertation, TU Braunschweig 1974.
[44] ISO 4138: *Steady-state circular driving behaviour.*
[45] ISO 3888: *Test track for a severe lane-change manoeuvre.*
[46] ISO 7975: *Braking in a turn.*
[47] HEISSING, B.; ROMPE, K.: *Messungen zur Lastwechselreaktion an Pkw.* Entwicklungslinien für Kraftfahrzeuge und Kraftstoffe, Forschungsbilanz 1982, S. 200–209. Verlag TÜV Rheinland.
[48] ISO 9816: *Power-off reactions of a vehicle in a turn.*
[49] SHEIRKO, F.: Einfluss der Achsparameter und Reifen auf den Geradeauslauf von Straßenfahrzeugen unter besonderer Berücksichtigung der Querkräfte. *AI Automobil-Industrie, 1973* Heft 1, S. 51–65.
[50] EHLICH, J.; HEISSING, B.; DÖDELBACHER, G.: Messtechnische Untersuchung zum Geradeauslauf von Pkw. *VDI-Bericht 553*, Fahrzeugtechnik, Teilgebiete und Methoden, 1985, S. 361–388.
[51] ENGELS, A.: Geradeauslaufkriterien für Pkw und deren Bewertung. *ATZ Automobiltechnische Zeitschrift 97 (1995)* 6, S. 384–391.
[52] WALLENTOWITZ, H.: Seitenwindverhalten von Kraftfahrzeugen. *ATZ Automobiltechnische Zeitschrift 82 (1980)* 9, S. 435–442.
[53] ISO 12021-1: *Sensitivity to lateral wind – Part 1*: Wind Generator input.
[54] DIETZ, S.: *Der neue Audi A2 – Ein Meilenstein in der Fahrzeugaerodynamik.* Sonderausgabe von ATZ und MTZ 2000.
[55] ISO 9815: *Passenger car/trailer combination – lateral stability test.*
[56] MITSCHKE, M.; SAGAN, E.: *Fahrdynamik von Pkw-Wohnanhängerzügen.* Verlag TÜV Rheinland, 1988.
[57] ALBERTI, V.: Fahrverhalten von Pkw-Anhängerzügen mit Knickwinkeldämpfern oder Viergelenkdeichseln. *ATZ Automobiltechnische Zeitschrift 89 (1987)* 11, S. 605–611.
[58] MITSCHKE, M.; CUCUZ, S.; HENNECKE, D.: Bewertung und Summenmechanismen von ungleichmäßig regellosen Schwingungen. *ATZ Automobiltechnische Zeitschrift 97 (1995)* 11, S. 784–791.
[59] MITSCHKE, M.; KLINGNER, B.: Schwingungskomfort im Kraftfahrzeug. *ATZ Automobiltechnische Zeitschrift 100 (1998)* 1, S. 18–24.
[60] RERICHA, I.: Methoden zur objektiven Bewertung des Fahrkomforts. *AI Automobil-Industrie 2/86*, S. 175–182.
[61] BRANDL, F.-K.; BIERMAYER, W.; PFÜGER, M.: Ein Softwarewerkzeug zur objektiven Analyse und Optimierung der Innengeräuschqualität. *ATZ Automobiltechnische Zeitschrift 101 (1999)* 7/8, S. 518–526.
[62] FREYMANN, R.; KONITZER, H.; MUTH, W.; SIBINGER, H.: *Akustikentwicklung des neuen BMW 3er.* Sonderausgabe von ATZ und MTZ 5/1998.
[63] SCHÖNAUER, A.; FOLCHERT, U.: Die Luftfederung des Audi allroad Quattro. *ATZ Automobiltechnische Zeitschrift 102 (2000)* 9, S. 730–736.
[64] GLOCKER, A.; KULKA, CH.; MEYER, R.; OBERLOHER, M.: Aluminium-Fahrwerk der neuen BMW 5er-Baureihe (Auslegung, Fertigung, Erprobung). *ATZ Automobiltechnische Zeitschrift 98 (1996)* 3, S. 124–132.
[65] STALL, E.; BENSINGER, J.; VAN DEST, J. C.: Neue Gelenke zur Isolation von Motoranregungen beim Frontantrieb. *ATZ Automobiltechnische Zeitschrift 95 (1993)* 4, S. 204–209.
[66] GENZ, M.; KING, H.; WAHLE, M.: Mikrozellige Polyurethan-Elastomere als Federelement in Automobilanwendungen. *ATZ Automobiltechnische Zeitschrift 94 (1992)* 10, S. 512–520.

[67] OHLENDORF, J.; PFEFFER, P.; BATHELT, H.; WODTKE, H.-W.: Komfortsteigerung durch optimierte Koppelung von Aggregat- und Fahrwerkslagerung. ATZ *Automobiltechnische Zeitschrift 102 (2000) 5*, S. 324–330.
[68] GRUNAU, R.; HEIDRICH, M.; MÜLLER, M.; PAUL, A.: Auslegung von Karosserie-Schwingungstilgern. *ATZ Automobiltechnische Zeitschrift 99 (1997)* 11, S. 708–714.
[69] REIMPELL, J.; SPONAGEL, P.: *Fahrwerktechnik: Reifen und Räder*. Vogel Buchverlag, 1986.

Bildquellenverzeichnis

Bilder 1.3; 1.4; 7.4; 7.5; 7.8; 7.13; 7.38:
Audi AG, Ingolstadt

Bild 7.2:
Daimler-Chrysler AG, Stuttgart

Bilder 6.3; 6.4; 6.6; 6.7; 7.9; 7.63:
EG&G ATP GmbH & Co. Automotive Testing Papenburg KG, Papenburg

Bilder 7.55; 7.59:
Elastogran GmbH BASF, Lemförde

Bilder 6.5; 6.8; 6.21; 7.7; 7.54:
IDIADA Automotive Technology, Santa Olivia (Tarragona), Spanien

Bild 7.52:
Krupp Mannesmann Sachs AG, Schweinfurt

Bild 6.9:
Nürburgring GmbH, Nürburg

Bild 7.11:
Porsche AG, Stuttgart

Bild 7.42:
TNO Automotive, Delft, Niederlande

Bild 6.12:
Volkswagen AG, Wolfsburg

Bild 7.44:
Westfalia, Hagen

Stichwortverzeichnis

A
Abrisskante 112
Abrollakustik 114
Abrollgeräusch 116, 127
Abrollkomfort 124
Abrollstrecke 125
Ackermann-Winkel 80
Akustik 128
Anfahrnicken 49
Anfahrpendeln 51
Anfahrschütteln 52
Anfahrverhalten 49
Anfedern 114, 137
Anlenkverhalten 73
Ansprechverhalten 74
Antizipation 17
ATC (Automatic Traction Control) 56
Aufbaudämpfung 121
Aufbauzittern 139
Aufstützen 95
Aushängen 133

B
Bahnübergang 132
Ballast-Dummy 30
Bauteiltemperaturen 48
Beladungszustand 30
Beurteilungsbogen
– Lenkung 34
– Reifen 35
– Subjektivbeurteilungen 24
Beurteilungsfahrten 48
Bewertungskriterien 23
Bewertungsschema 28
Bewertungssystem 27
Bodenwellen, große 43
Bremsassistent 66
Bremsen in der Kurve 98
Bremsenkühlung 60
Bremsfading 59
Bremsgeräusche 69
Bremskraftregler 62
Bremsmomentschwankungen 68
Bremsnicken 65
Bremsrubbeln 68
Bremstrampeln 70
Bremsverhalten 58
Bremsvermögen 59
Bremsverzögerung 58
Brückenstoßkante 129
Brummen 69
Buhen 69

C
Center point feeling (Mittengefühl) 76

D
Dämpferinnenteile 122
Dämpferpoltern 131
Dämpferprüfstand 122
Dämpfkraftkennung 123
– geregelter Dämpfer 124
Dröhnen 114, 130
Dynamikfläche 36

E
Eigenfrequenzen Hubfederung 118
Eigenlenkverhalten 86 f.
Einrohrdämpfer 123
Entwicklungsprozess Fahrwerk 15
ESP-Funktionen 64

F
Fahrbahn 36
Fahrbahneinflüsse 101
Fahrbahngriffigkeit 47
Fahrbahnkontakt 83
Fahrbahnunebenheiten 44, 51
Fahrdynamikanforderungen 11
Fahrdynamik-Fahrkomfort-Darstellung 152
Fahrdynamikfläche 39
Fahrkomfort 114
Fahrmanöver, kritische 19
Fahrpedal, Rückwirkung im 58

Fahrsicherheit 23
Fahrverhaltensbeurteilung 49
Fahrwerkabstimmung, Methoden 11
Fahrwerkingenieur, Profil 20
Fahrwerksdaten 31
Fahrzeugabmessungen 32
Fahrzeugführung, Reaktionskategorien 21
Fahrzeugvorbereitung 29
Fahrzustand 48
Federkennlinie 118
Federungskomfort 116 f.
Federungslenken 104
Federunterlage 127
Flickasphalt 44
–oberfläche 51
Folgebremsungen 59
Folgestoppbrems-Schrieb 60
Freeway-Hop 114, 136

G
Geradeausfahrt 103
Geradeauslauf 61, 103
Geschwindigkeit, kritische 113
Gierstabilität 63
Grabeneffekt 75

H
Handhabungssicherheit 23
Handlichkeit 84
Handlingkurse 36
Handlingstrecke 38
Harshness (Rauigkeit) 126
Hub-Eigenschwingungszahl 117

I
ISO-Spurwechsel 97

K
Kantenempfindlichkeit 129
Kick-back (Lenkungs-Rückschlagen) 142
Knarren 69
Komfortfahrwerk 117
Komfortmaße 32
Konditionssicherheit 23
Konizitätsfehler der Reifen 54
Koordinatensystem 25
Kopfsteinpflaster 45
Kopieren 137
Körpereigenfrequenzen 115
Kreisfahrt, stationäre 88 f.
Kurvenlauf 62
Kurvenverhalten 85
kybernetische Leistungen 18

L
Landstraße, wellige 43
Längsfugenempfindlichkeit 107
Lastwechsel 101
–reaktion 101 f.
–schlag 138
–steuern 110
–verhalten 100
Lenkarbeit 77
Lenkbarkeit 63
Lenk-Beschleunigungsverhalten 99
Lenk-Brems-Manöver 62
Lenk-Bremsverhalten 62, 98
Lenkgefühl 77
Lenkkinematik 80
Lenkkraftniveau
– beim Parkieren 80
– im Proportionalbereich 79
– in Mittellage 77
Lenkkraftverhalten 71 f.
Lenkradgeschwindigkeit 81
Lenkschwingungen 71 f.
Lenkübersetzung
–, dynamische 74
–, statische 74
Lenkungscharakteristik 77
Lenkungsflattern 140
Lenkungskennfeld 76, 78
Lenkungsklemmen 54
Lenkungspendeln 105
Lenkungsrücklauf 85
– Überschwingen bei 81
Lenkungs-Rückschlagen (Kick-back) 142
Lenkungsstößigkeit 141
Lenkungsüberholen 81
Lenkungszittern 140
Lenkverhalten
– bei Geradeausfahrt 71
– bei Kurvenfahrt 71, 73
Lkw-Spurrinnen 46

M
Mehrebenenmodell 19
Mittellagengefühl 54
Mittengefühl (Center point feeling) 76

N
Nachlenkeffekte 82
Nachschwingen nach Richtungswechsel 82
Nassbremsstrecke 59
Nasshandling 39
Navigation 17
Netzdiagramme 145, 150

neutral steuern 86 f.
Nickfederverhalten 119
Nickwinkel 50
Niederreibwertfahrbahn 47
Noise Vibration Harshness (NVH) 116
Normalfahrwerk 117

P
Pedalgefühl 59, 66
Pedalkraftaufwand 65
Pedalkraftniveau 66
Pedalkraftschwankungen 67
Pedalmoving 67
Pedalrückwirkung 67
Pendelschwingungen 112
Pendelstabilität 112
Prellen 114, 131
Prüfgelände 36 f.
Prüfmaschinen 121
Puffereinsatz 133

Q
Querfuge 45
Quietschen 69

R
Radlastschwankungen 117
Radstellungsmesseinrichtung 15
Rauigkeit (Harshness) 126
Reaktionskategorien bei der
　Fahrzeugführung 21
Regelkreis Fahrer–Fahrzeug–Umwelt 17 ff.
Reiten 114, 136
Rundkurse 36

S
Schiefziehen unter Antriebseinfluss 54
Schlingerdämpfer 114
Schluckvermögen 132
Schnellbahnoval 38
Schnellfahrbahnen 36
Schwingungen im Pkw 115
Seitenkraftaufbau 91
Seitenwindanlage 111
Seitenwindverhalten 110
Selbstzentrierung 54
Sicherheitspotential in kritischen
　Fahrsituationen 20
Sportfahrwerk 117
Spurrillen, gefräste 46
Spurrinnen 109
–empfindlichkeit 108
Spurwechselverhalten 96

Stabilisierung 17
Standfestigkeit 59
Steigungshügel 43, 56
Stempeln 70
Streckenplan 37
– Nürburgring 40
Stuckern 114, 137
Stuckerstrecke 138

T
Tauchen, diagonales 95
technische Daten 31
Testablauf 33
Testfahrzeug 29
Torque Steer 54
Traktion 55
Traktionsgrenze 55
Traktionskontrolle 56
Traktionsverbesserung 56
Trassierung 36
Triebwerkslagerung 53

U
Überrollkäfig 29
Übersteuern 86 f.
Umgebungstemperaturen 48
Untersteuern 86 f.
Unwuchtempfindlichkeit 140

V
VDA-Spurwechsel 97
Vergleichsfahrten 48
Verlenken 53
Vierlenker-Vorderachse 52
Vollfahrzeugmodell 12
Vorspurveränderung 61

W
Wahrnehmungssicherheit 23
Wankfederverhalten 120
Wanklenken 105
Wankschrauben 96
Wankverhalten 94
Wankwinkel 94
Windempfindlichkeit 111
Winkelbegriffe, fahrdynamische 25
Wobbeln 140

Z
Zielgenauigkeit 83
Zittern 114
Zuganschlagfeder 50
Zurückwerfen 135

Zusatzfeder 134
Zweirohrdämpfer 123

Printed in Poland
by Amazon Fulfillment
Poland Sp. z o.o., Wrocław